環境教育プログラムの評価入門

立命館大学 政策科学部

桜井 良

毎日新聞出版

序文

　環境教育を「環境問題や環境について学ぶ機会」と広い定義でとらえてみると、実に多様な環境教育が、今の世の中では日々行われていることが分かる。学校の理科や科学の授業で教えられている内容は環境問題と直接的・間接的に関係することが多く、総合的な学習の時間を使って地域の自然環境について学ぶ授業もあり、これらは全て環境教育といえる。週末や夏休みに子供たちが山や海で参加するボーイスカウト・ガールスカウトも立派な環境教育だ。そして、動物園や水族館なども来場者に対して環境教育の機会を提供しているといえる。気候変動などの地球環境問題は一般的に実感することや体験することが難しく、テレビや新聞からそれらについて理解し学ぶことが多いと言われている。そういう意味ではメディアも市民への環境教育に関する重要な役割を担っていると言えるだろう。

　国際的には気候変動枠組条約（気候変動に関する国際連合枠組条約）や京都議定書など、環境に関する各国の取り決めを定める国際条約などが多く策定され、SDGs（Sustainable Development Goals：持続可能な開発目標）の国連における決議など、環境を守ること、持続的な社会を構築していくことは人類全てが目指すべきゴールとして、世界中で共有されるようになっている。環境を壊すのが人間であれば、環境を守ることができるのもまた人間である。つまり持続的な未来を創るためには人々の参加と協働が必要になってくる。環境教育は、環境意識を持つ人々を育成するために、そして人々の

環境配慮行動を促すために不可欠な営みである。

　では、様々な場面で様々な関係者によってなされている環境教育プログラムは、実際にどのような実りを社会にもたらしているのだろうか。その環境教育プログラムに参加することで、参加者は何を学び、どのように意識を変え、そして行動を変えるのだろうか（あるいは変えないのだろうか）。また環境教育プログラムが行われることで、何かその地域や社会に変化がもたらされるのだろうか。

　環境教育そのものに関する書籍や、プログラムの設計方法などの実践例をまとめた文献は存在するが、環境教育プログラムの評価方法を具体的に説明するような書籍は意外と少ない。特定の環境教育プロジェクトの実践とその効果をまとめた書籍や学術論文は存在するが、様々な環境教育プログラムにも応用可能な評価手法や理論をまとめた文献は見当たらない。本書は、環境教育プログラムの効果を測るための評価手法や理論を紹介し、環境教育プログラムの運営や評価に携わる全ての人にとって役に立つ情報を届けることを目指した環境教育プログラム評価の入門書である。

　本書はアメリカの研究者や実務者が実践／提言している評価方法を参考に議論を組み立てており、特に前半（第2～4章）はコーネル大学の研究者や研究グループが使っている方法を中心に解説した。アイビーリーグ（アメリカ東部に位置する8つの名門私立大学の総称）の一つとして有名なコーネル大学だが、なぜ本書で「コーネル流」を紹介するのか。理由は三つある。

　まずコーネル大学は環境教育及び環境教育の評価研究において、世界でトップレベルの業績を残している。同大学の Civic Ecology

Lab（市民生態学研究所）は、環境教育の実践とその評価を専門とする研究グループで、世界中から環境教育の研究者や実務者が集まっている。同研究所は環境教育の評価方法について人々に普及啓発することにも力を入れており、関連する教科書など多くの文献を出版している。同研究所が運営するオンライン講座は世界中の環境教育実践者が受講しているが、中でもとりわけ環境教育の評価方法を学べる"Evaluating Environmental Education Outcome"（環境教育の成果の評価）は人気を博している。

　ほかにも同大学のCornell Lab of Ornithology（鳥類学研究所）は、名前の通り野鳥の研究を主にしている機関で、世界中の市民を対象とした野鳥観察市民科学プロジェクトを企画運営していることで知られている。市民科学のメッカともいわれる鳥類学研究所だが、それぞれのプロジェクトにおいて、参加者が野鳥や環境問題について何をどのように学び、どのような行動変容があったかなど、いわゆる環境教育の効果についても精力的に研究がされている。それらの成果は、環境教育プログラムの評価を学ぶためにも大いに参考になる。環境教育プログラムの評価手法について学びたいのであれば、この分野において多くの成果を残し、世界の最先端を走るコーネル大学にこそ学ぶべきだとさえ言われている。

　コーネル流から学ぶ二つ目の理由は、同大学の研究チームが実践する一つの学問分野を超えた学際的アプローチが、日本で環境教育プログラムの評価をする際にも参考になるからだ。環境教育とは生物学、生態学、環境科学など多様な分野の成果を踏まえて行われるものであり、また有益なプログラムにするためには社会学、社会心

理学、メディアコミュニケーション学など、やはり多様な学術分野の理念を踏まえて行われることが効果的である。そうであれば、環境教育プログラムの評価も、様々な分野の知見を用いながら、評価の目標に照らし合わせ、それぞれの手法を取捨選択して行われるべきであろう。研究者はどうしても、一つの学問分野をベースとして研究することに慣れてしまっており、プログラム評価に携わる際には、自身の研究分野からアプローチすることが多い。しかし、環境教育の意義や効果は、本来多様であり、いわゆる「たこつぼ的」に、特定の分野からのみ評価したり議論したりするのはあまりに惜しい。

　ある環境教育プログラムの評価をした研究成果を学会で発表したとする。これを聞いた研究者は、例えば生物学・生態学をバックグラウンドに持つ人であれば、「このプログラムにおける生物多様性の説明の仕方だが、もっと最新の研究結果に即した内容にしたほうが良いのではないか」と指摘をするかもしれない。教育学や社会心理学を専門とする研究者であれば、「このプログラム及び評価研究は何の教育学的理論、または社会心理学モデルを用いているのか」と疑問に思うかもしれない。統計学の専門家であれば「この分析手法だが正規性の仮定が満たされているのか、もっと高度な統計解析をした方が良いのではないか」と指摘するかもしれない。要は、研究領域の数だけ、その評価事業について課題を指摘することはできるし、全ての研究者や関係者を満足させるような完璧な評価研究を実施することは難しい。そもそもそのような完璧な評価の取り組みなどというものは存在しない。

　では、これから環境教育プログラムの評価を行いたいと思ってい

る人は、どのようなアプローチを取り入れるべきなのか。それは評価を行う人、その人自身が「何のために評価したいか」という目的に照らし合わせて決めればよいのだ。評価を行う人は、その環境教育プログラムを運営している実務者かもしれない。実務者から評価の実施を依頼された研究者かもしれない。市の環境課の職員など行政の関係者かもしれない。日々行っているプログラムの成果を知ることだけが目的なら、その結果を学会で発表したり、論文にまとめて学会誌に投稿する必要もないだろう。そうであれば、そもそも細分化された学問分野の理論など知らなくてもよいし、自身が興味がある方法で評価をしたらよいだろう。そのために、本書では、特定のアプローチなどで狭めることなく、評価する際に使えそうな手法、モデル、理論などを広く掲載すること、読者がそれらを満遍なく学べることを目指した。コーネル大学でも、元鳥類の専門家が社会科学の手法を用い評価をしたり、プログラムの運営者が様々な分野の専門家と手を携えて評価したり、自身のバックグラウンドに関係なく、自由に思うままに評価をしているように見える。評価をより自由なものに。そのような評価の文化が根付くことを目指し、本書を執筆した。

　コーネル大学に着目する三つ目の理由は、海外から学ぶことで、国内の取り組みや現状について大きな発展が見込めるからだ。歴史を紐解けば、そもそも島国である日本は、海外から様々な技術やアイデアを導入することで発展してきた。科学・学問もそうだろう。人の意識について理解するうえでよく使われる社会心理学理論はその多くが海外で提唱され、発展したもので、分析をする際に使用す

る統計解析ソフトも、もとは海外で開発されたものが多い。

「環境教育プログラムの評価」と話した途端、「いや、でもそれは難しいですよね」「評価なんてできないですよね」と話す研究者や実務者をこれまでたくさん見てきた。なぜ難しいのか？　何がどう難しいのか？「環境教育プログラムの評価」を難しいととらえるのは、すでに書いたように、関係する学問分野やアプローチが多様に存在し、そしてこれまで行われてきた「環境教育プログラムの評価」の取り組みが誰もが納得するようなアプローチを示すことができなかったからではないか。しかし、そもそも誰もが納得する環境教育評価の手法やプロセス、分析方法などというものは存在するのだろうか。もしある人が自身の環境教育プログラムについて評価し、その結果を学会で発表し、そこで、

- 生態学の専門家から「このプログラムは生物多様性について十分に解説ができていない」
- 社会心理学者から「このプログラムはそもそも学術的に立証された心理学理論をもとに設計されていないので、大きな問題がある」
- 社会学者から「プログラムに参加した人のこれまでの人生を振り返るライフヒストリー研究からやり直すべきだ」
- 統計学者から「このデータには偏りがあり、分布にも問題があり、統計手法が不適切であるため、この結果は無意味である」

と言われたとしよう。

その人は「環境教育プログラムの評価」なんてもう二度としたくない、と考えてしまうかもしれない。環境教育プログラムの評価を

行う際に何か正しいやり方があり、その通りにやらなくては認められない、といった風潮があるのなら、そういった考え方そのものが日本における環境教育プログラムの評価研究や取り組みの発展の妨げになっているのかもしれない。自分なりに考えて行った評価について「このやり方で本当によいのか」と質問されたとしよう。その際には、自信を持って自身の取り組みについて説明できるよう、本書では多様な評価理論や考え方について紹介した。この本の読者が自信を持って、自由に評価に取り組むために少しでも力になれるのであれば、本書を書いた意味があり、これ以上嬉しいことはない。

　本書が対象としているのは、環境教育プログラムの評価をしてみたいと考えている、または評価に関心がある全ての人だ。それはプログラムを運営している実務者から、評価の実施を依頼された関係者、そして評価について学びたい学生や一般市民まで多様だろう。また評価に携わろうとする理由も人それぞれであろう。評価の目的も、単純に自身が行っているプログラムがどのような成果を出しているかを知りたいといったことから、助成金など運営資金を提供している団体や組織に対してプログラムの効果を説明するためであったり、はたまた関係学会で研究発表として成果を報告したい人まで、いろいろだろう。読者自身の目的に照らし合わせ、読者自身が適切な手法やアプローチを選び、使うことができるよう、本書では様々なアプローチや考え方を示すべく、工夫した。本書を紐解きながら是非、環境教育プログラムの評価の旅を楽しんでほしい。

CONTENTS

本書のロードマップ

そもそもなぜ環境教育？
プログラム評価とは？
［第1, 2, 3章］

どんな理論をもとにしたプログラム？［第4章］
プログラムのゴールは？
なぜそのプログラムが必要か［第5, 6章］

プログラム実施前

どんな手法で評価する？
［第7章］

どう分析する？
［第8章］

プログラム実施後

プログラム実施・改善

期待していた効果は出た？
［第5, 6章］

期待通りプログラムが
行われている？
［第5, 6章］

実際に評価してみた事例は？
［第10, 11章］

装丁	萩原弦一郎
DTP	マーリンクレイン
校閲	東京出版サービスセンター

第 1 章

環境教育プログラムの評価とは？

環境教育とは広く定義すれば「環境問題に対処するための諸能力を育むための教育」といえる[1)]。世界で初めて環境教育法を制定したのはアメリカで、1970年にできたこの法律で環境教育は「人間を取り巻く自然及び人為的環境と人間との関係に焦点を当て、その中で人口、汚染、資源の配分と枯渇、自然保護、運輸、技術、都市や田舎の開発計画などが、人間環境にどのように関わり合いを持つのかを理解させるプロセス」と定義されている。環境教育の目的として有名なものは通称ベオグラード憲章とトビリシ宣言だろう。ベオグラード憲章は1975年にベオグラード（ユーゴスラビア連邦［現セルビア］の首都）で開催された環境教育専門家会議で作成された憲章で、環境教育の目標として「環境問題への関心（を促すこと）」「知識（をつけること）」「態度（を身につけること）」「技能（を習得すること）」「評価能力（を身につけること）」「（環境問題の解決のための）参加（を促進すること）」が定められた。1977年にトビリシ（ジョージア［現在］の首都）で開催された政府間会議では、環境教育は「自然や人工環境の複雑な特性を理解し、環境問題を予測・解決し、環境の質を管理する活動に参加するための知識、価値観、態度、実際的技能を獲得すること」であるとされ、「個人、集団、社会全体の環境に対する新しい行動パターンを創出すること」がその目的の一つとして明記された。

　ここで、環境教育と通常学校で習う科目との違いを考えてみる。例えば数学（算数）や化学において、生徒は知識や計算スキルなどを身につけることが求められているが、社会をより良い方向に変えていくために生徒が日々の自身の行動を変革していくことは、それ

らの科目の目的にはなっていない。環境教育と学校で習う多くの科目との違いは、参加者の意識や日々の行動の変革までをも視野に入れていること、さらにそれらをもってより持続可能な社会の構築を目指していることである。

そして環境教育プログラムとは、環境教育を行う、また環境教育の目的を達成するために行われるあらゆる取り組み・プロジェクトであると理解できる。そして、環境教育プログラムの評価とは、トビリシ宣言に沿って考えれば「知識、価値観、態度、実際的技能」について、プログラム実施後に参加者の変化（向上）を調べることになるだろうか。

しかし話はそう単純ではない。まず環境教育として考えられているもの自体が、時代とともに変化してきている[2]。その一つの例がESD（Education for Sustainable Development＝持続可能な開発のための教育）だろう。ESDは環境と人間社会が調和するためには、ただ自然を守るだけではなく、人間社会も持続的に発展していく必要がある、という前提のもと、持続可能な社会の担い手を育む教育として、持続可能な開発に関する世界首脳会議（ヨハネスブルク・サミット2002）で日本のNGOと日本政府が提案したものだ。ESDは社会的文脈を反映した教育実践、生涯を通した学び、地域をベースとした持続的な発展を目指す取り組みとされ、環境教育を包含するものとも、ESDこそが環境教育そのものであるとも言われている[3]。つまり、持続可能な社会を目指すあらゆる取り組みが環境教育であるとも考えられるようになり、それを評価するためには持続可能な社会の構築に資するあらゆる要素が評価対象になるというこ

とだ。

　最近ではSDGsという言葉も社会に定着してきた。持続可能な社会を目指し国連が2015年に策定したこのSustainable Development Goals（持続可能な開発目標）の略称である。海や陸の自然の保全、平等な社会の実現など、持続可能な社会を実現するために必要な要素が目標に掲げられており、SDGsに関する教育は広い意味での環境教育ともいえる。SDGsは17項目、169要素から構成される。環境教育をSDGsの側面から評価するならば、これらの項目・要素を対象とする必要があるだろうか。

　環境教育の種類や中身が多様であることを踏まえると、その評価のためには、政策評価・事業評価の考え方が応用できる。テーマや内容に関係なく政策や事業とは一般的に何らかの変化を起こすことを目指しており、その評価方法は環境教育の評価の在り方を考えるうえで参考になる。

　事業評価とはいかなるものか。NPO等の活動の推進を目指し、内閣府特命担当大臣（経済財政政策）主催のもと立ち上がった「共助社会づくり懇談会」というものがある。この懇談会のもとで立ち上げられた社会的インパクト評価検討ワーキング・グループの報告書[4]によれば、事業（あるいはプログラム）がもたらす効果は社会的インパクトと考えることができ、社会的インパクトとは「短期、長期の変化を含め、当該事業や活動の結果として生じた社会的、環境的なアウトカム」と定義されている。さらにアウトカムとは「組織や事業のアウトプットがもたらす変化、便益、学びやその他効果」であり、アウトプットは「組織や事業の活動がもたらす製品、サー

ビスなど」と説明されている。これらを踏まえ社会的インパクト評価とは「社会的インパクトを定量的・定性的に把握し、当該事業や活動について価値判断を加えること」と定義されている。

　この定義が使い勝手がよいのは、「当該事業や活動」を「環境教育プログラム」に置き換えることで、環境教育プログラムの評価がいかなるものかを考えることができるからだ。つまり環境教育プログラムの評価とは、「短期、長期の変化を含め、環境教育プログラムの結果として生じた社会的、環境的なアウトカムを定量的・定性的に把握し、当該事業や活動について価値判断を加えること」と定義できる。これは環境教育プログラムの評価とは何かを考えるうえで十分な説明力のある定義である。

　実際に評価をする際には、一つのプログラムを実施した後に、参加者の特定のテーマに関する知識がどのくらい増加したかを調べてもよいし、行動の変化を調べてもよいだろう。参加した個人の変化や地域社会の変化は社会的アウトカムに含まれるが、本来環境教育プログラムがもたらす効果は人間社会を超えて、環境や生態系にも何らかの変化をもたらす可能性がある。例えば、環境教育プログラムを受けた参加者が自身の家でビオトープを作ったり、動植物が生活できるような緑の空間を新たに作ったりすれば、生物多様性の増加など、生物環境の変化もプログラムの効果として考えられるだろう。また評価とは単純なデータの収集で終わるのではなく、そのプログラムの意義について考察を加えることも意味する。これらを踏まえると、上記の定義はしっくりとくる。

　アメリカの環境教育プログラム評価の専門家が北米環境教育学会

（North American Association for Environmental Education）との協働のもと執筆した書籍 "Evaluating Your Environmental Education Programs（あなたの環境教育プログラムを評価してみよう）" を見ると、評価とは「プログラムを向上させるため、プログラムについて判断するため、そして将来のプログラムの在り方について意思決定をするために、体系的に必要な情報を収集するプロセス」であると定義されている[5]。評価をする限りにおいては、その結果、プログラムの向上に何らかの寄与をすることも求められていることがこのアメリカの定義から分かる。

COLUMN 1

環境教育プログラムの評価に関する
国内の取り組み

環境教育の評価に関する研究はアメリカを中心に蓄積されていると本書の「序文」で述べたが、日本でも環境教育の評価に関する様々な議論や取り組みが関係者の間で行われてきた。その全てを紹介することはできないが、例えば評価の在り方を議論し、整理した取り組みとして公益財団法人 地球環境戦略研究機関による『環境教育評価ワークショップ』[6]があげられる。この報告書では環境教育の目的カテゴリー（例：「知識」「態度」「技能」）に応じた評価の在り方や、認知面（人間の内面的変化）と行動面（行動など外面に表れる変化）に分けて評価をする二分法の提案などがされている。その他、環境教育プログラムの評価には、プログラムを運営する内部

の人間が自ら行う内部評価、専門家などが行う外部評価、さらには、関係する人々で協働・連携して評価する参加型評価があることも説明されている。同報告書は環境教育プログラムの評価とはどのようなものかを考える際に参考になる。

もう一つの取り組みとして、日本環境教育学会における特設研究会である「環境教育プログラムの評価研究会」がある。もともとは2017年7月に同学会で立ち上げられた研究会で、評価に関心のある研究者、学校教員、財団法人やNPOの職員など多様な人々との連携のもと、評価に関する取り組みや議論をしてきた。本書第9章の事例研究もこの研究会の成果の一つである。第一期研究会は2019年6月に終了したが、その後も研究会は継続している。

これらの日本で行われてきた取り組みや成果も参考にしながら、本書ではこれまで国内ではあまり紹介されてこなかったアメリカの研究者／実務者グループによるアプローチも整理し、全体としては環境教育プログラムの評価を始めたい人が気軽に読むことができる入門書となることを目指した。

●参考文献 ⋯⋯⋯⋯⋯⋯⋯⋯⋯⋯⋯⋯⋯⋯⋯⋯⋯⋯⋯⋯⋯⋯⋯⋯⋯⋯⋯⋯⋯⋯⋯⋯⋯⋯⋯

1) 日本環境教育学会 編. 2012.『環境教育』. 教育出版. 東京. p. 1 より.
2) 中村和彦. 2022. 環境教育の変遷と今後の展望—社会変革への貢献に向けて. 環境情報科学 51(1): 34-39.
3) 降旗信一・高橋正弘 編. 2009.『現代環境教育入門』. 筑波書房. 東京. p. 16 より.
4) 三菱UFJリサーチ&コンサルティング株式会社. 2016. 社会的インパクト評価に関する調査研究：最終報告書.
https://www.npo-homepage.go.jp/uploads/social-impact-hyouka-chousa-all.pdf （2023年12月27日アクセス）

5) Ernst, J. A., Monroe, M. C., & Simmons, B. 2009. "Evaluating Your Environmental Education Programs: A Workbook for Practitioners". North American Association for Environmental Education. Washington, D.C.

6) 地球環境戦略研究機関. 2001. 『環境教育評価ワークショップ』. 公益財団法人地球環境戦略研究機関. 神奈川. 94pp.

コーネル大学で行われている環境教育評価研究の例

世界で最も活発に環境教育の評価研究を行っている機関の一つが
コーネル大学であると「序文」で書いた。コーネル大学の研究者が
取り組んでいる評価研究の例として気候変動に関する教育プログラ
ムや都市部における緑地づくりを対象にしたものなどがある。そし
てそれらの多様な評価研究の成果は研究論文として国際誌に掲載さ
れ、また書籍（例：都市部の環境教育評価に関するもの[1)]、気候変
動教育に関するもの[2)]）として出版されている。環境教育プログラ
ムの評価は世界中で様々な研究者や実務者によって行われているが、
コーネル大学の研究グループは自身のプログラムの評価だけでなく、
各国の取り組みやその成果も精査し、整理したうえで、より良い評
価の在り方を検討／提案しているところが特徴だろう。なぜそれが
大事なのか。順番に説明していこう。

　国内外に多様に存在し、実践されている環境教育プログラムは、
それぞれ目的や対象者、実施される場所などが異なるので、それぞ
れのプログラムに応じた評価研究が行われるのは当然のことだ。そ
の結果、様々な地域における、様々な関係者による、様々なプログ
ラムの個別の評価が行われ、個々の取り組みの効果が明らかにされ
てきた。しかし、事例研究が蓄積されてきた一方で、それぞれのプ
ログラムの効果を横断的に比較すること、また同様のプログラムを
他地域で実施した場合に同様の教育効果が期待できるのかなどを把
握することは難しい。それは評価研究では多くの場合、個々の研究
者や実務者が独自の手法や調査項目を用いて評価をしてきたからで
ある。しかし、異なる地域や異なる実務者によって行われているプ
ログラムの効果を比較したり、他の取り組みに対する個々のプログ

ラムの独自性を理解するためには、ある程度統一的な評価手法を用いる必要がある。

　一つの例として、コーネル大学鳥類学研究所は、市民科学プログラムを評価するための様々な評価項目（尺度とも呼ばれる）や手法を整理し、それをウェブサイトで一般公開している[3]（なお、実際の評価尺度の例や詳細についてはこの後第4章で解説する）。市民科学は「一般市民が研究者と協働・連携して科学研究に関与する営み」[4]と定義され、多様な取り組みが行われているが、鳥類学研究所では主に一般市民が野鳥観察や観察した種の同定（生物学的な種名を特定すること）をするプロジェクトを行っている。この活動を通して参加者が学び・育むことが想定される知識（例：野鳥に関する知識）やスキル（野鳥を発見し、同定するスキル）は、まさに第1章で述べた環境教育の国際的な目的（例：ベオグラード憲章）と合致する。実際、鳥類学研究所が公開しているプログラムの効果を測るための評価尺度を見ると、自然への関心、自然とのつながり（第4章で詳細を説明）、環境配慮行動をすることへの自己効力感（自信）などの環境教育で育まれることが期待される要素が記載されている。環境教育を行っている個人や団体が自身のプログラムの評価を行う際は、ここにある多様な項目群の中で、プログラムの内容やゴールと合致する尺度を選び、使用することができるようになっている。

　鳥類学研究所のウェブサイト[3]に記載されている調査項目は全て多様な事例研究で使用され、その有効性が検証されてきた尺度なので実務者や研究者が安心して自身のプログラムで使えるということも特徴だ。自身の環境教育プログラムがこれまで世界中で行われて

きた同様のプログラムと比較し、どのくらい教育効果を参加者にもたらしているのか、具体的に比較できることも、こういった世界基準の尺度を使うことのメリットだろう。鳥類学研究所がまとめたこれらの尺度はウェブサイト[5]にアクセスし、自身の連絡先などの情報を登録すると入手できる。ここでは尺度とともにそれらの尺度の意味や開発された背景、使い方に関する説明も一緒に入手できる。また、それぞれの尺度においてどのような事例研究で使われ、どのような効果を示したのかなどの解説もなされている。これらは全て英語であるため、日本のプログラムを対象に考えると、まず調査項目を和訳する必要がある。また、実際のプログラム内容と質問項目が異なることもあるだろう。自身のプログラムのテーマや評価したい内容を踏まえ、調査項目の言葉を修正しながら使用するのがよいかもしれない。鳥類学研究所も、活動内容を踏まえ言葉を調整しながらこれらの尺度を用いることを推奨している。このような尺度は完璧ではないかもしれないが、一つの指針・あるいはたたき台となる調査項目群を誰でも使えるように一般公開していることに意味がある。これにより、同じ尺度を用いた研究やプログラム評価の取り組みが進み、尺度の課題や有効性に関する知見も蓄積されていくだろう。

　鳥類学研究所の試みのユニークな点は評価実施者がいつでも尺度開発者（鳥類学研究所の研究者）に連絡がとれ、相談できるような体制を整えていることだ。実際、著者も日本の評価研究で使う尺度に関する質問があり鳥類学研究所に問い合わせたところ、尺度開発やプログラム評価を専門とする同研究所のTina Phillips博士がオン

ラインで話す機会を作ってくれ、尺度に関する説明とともにそれら
を用いた世界中の研究や評価の成果を教えてくれた。

　日本国内でも様々な環境教育プログラムの評価研究が行われてお
り、出版された論文や書籍に、実際に調査で使用された尺度など質
問項目が示されていることもある。それらの本や論文は購入しない
と一般の人には読めないことも多いが、鳥類学研究所の取り組みの
ように世界中で使用できる尺度がウェブサイトで誰でも閲覧できる
状態で掲載されていることは画期的だ。

　コーネル大学にあるその他の教育・研究機関として、多様な環境
教育プログラムや評価研究をしている Civic Ecology Lab（市民生態
学研究所）があることはすでに述べた。同研究所の所長である
Marianne Krasny 教 授 に よ る 書 籍 "Advancing Environmental
Education Practice"[6] でも、評価に携わる人がすぐに使用できるよ
うに実際の評価項目・尺度が示されている。それらは環境教育プロ
グラムに参加することで参加者に起こると期待される意識変化に関
する項目（例：地域への愛着）で、これらの項目群を自身のプログ
ラムを評価する際に自由に使うように促している（同書で紹介され
ている項目の例については第4章で説明する）。

　さて、コーネル大学にとどまらず、アメリカにおけるその他の取
り組みも紹介しよう。環境教育プログラムの評価に関する様々な事
例研究とともに、それらの成果を整理し、その傾向や課題を明らか
にするいわゆるレビューの取り組みも多く行われている。例えば
2013年に、環境教育に関する世界的に著名な研究者らが編集した

「環境教育研究に関する国際的なハンドブック（原題：International Handbook of Research on Environmental Education）」[7)]が出版された。全部で51章からなる同書は9つのセクションに分かれ、その一つが環境教育プログラムの評価や分析に焦点を当てており、6つの章から構成されている。そのうちの1章：「環境教育プログラム評価の改善に向けて（原題：Advancing Environmental Education Program Evaluation）」[8)]では、環境教育に関する国際誌に掲載された論文を分析し、1970年から2008年の間に100以上の環境教育プログラムの評価に関する論文が掲載されていること、そしてその多くが参加者の知識や態度の変化を測定しており行動変化まで評価した研究は限られていることを明らかにした。また同章ではこれまで行われてきた評価研究の中には利害関係者（プログラム運営者など）が関わっていないものも少なからずあり、これが原因となり研究成果が実際のプログラム改善に活かされていないケースが多いという課題も指摘されている。

　一方、同書「環境教育研究に関する国際的なハンドブック」にある評価に関するもう一つの章「環境教育の長期的効果に関する研究（原題：Research on the Long-term Impacts of Environmental Education）」[9)]では、一回限りの調査など短期間のものではなく、プログラムの効果について長期間（一年以上）にわたって参加者の意識の変化を調査した研究に限定し、そこから推察される環境教育が参加者に与える長期的な効果について明らかにしている。例えば幼少の時に自然の中で多くの時間を過ごした人や慣れ親しんだ自然が失われた経験をした人ほど、大人になっても環境保全に対する意識

が高いことなど、様々な興味深い結果が同章で述べられている。こ
れまでの研究成果を整理し、それらの特徴や傾向を明らかにし、今
後に向けた示唆を与える論文のことをレビュー論文（総説論文）と
呼ぶが、環境教育研究の学術的な到達点や課題を考えるうえでこれ
までの成果をレビューすることは重要だ。これらの章はいずれもア
メリカの研究者（ミシガン大学、ウィスコンシン大学、コーネル大
学）が執筆しており、環境教育プログラムの評価を体系立てて研究
として成立させようとする取り組みが同国では盛んであることが改
めて理解できる。

COLUMN 2

アメリカの大学院で行われている
環境教育プログラム評価に関する授業の紹介

　日本でも多くの大学で環境教育について（例：その歴史、理論的
枠組み、これまで行われてきた取り組み）教えられるようになった
が、一方で環境教育プログラムの評価方法について専門的に学べる
大学や大学院は国内ではまだあまりないようだ。アメリカでは様々
な大学で環境教育プログラムの評価方法について学べる。ここでは
著者が実際に受けたアメリカ・フロリダ大学大学院で行われていた
授業について紹介する。

　一つ目はMartha Monroe教授による "Environmental Education
Program Development" という授業だ。Monroe教授は環境教育
に関する世界最大規模の組織と言われる北米環境教育学会（North
American Association for Environmental Education：会員数は世

界中に4,000人以上）の元学会長で、環境教育研究への貢献が認められこれまで数々の賞を受賞してきた第一人者である。授業名は和訳すると「環境教育プログラムの設計」となるが、内容の多くが評価に関することであった。本授業において受講生はプログラムの評価をするためのツールや手法（フォーカスグループ、聞き取りなど）、さらにロジックモデル（詳細はこの後第3章で解説する）を学び、それらを用いて各受講生は特定の環境教育プログラムの評価を実施する。例えばプログラムを通した参加者の意識変化について調査する際にはどのような質問項目を用意したらよいかを受講生は考え、調査項目案をレポートにまとめ、それに対するコメントや改善案などのフィードバックを教員からもらい、最終的には受講生それぞれが設計・考案した評価方法を用い、各々のプログラムの評価をした。著者は同大学の大学院生であった当時、数名の受講生とチームになり、大学キャンパスから車で数時間程度の町にある動物園で、園内で行われている教育プログラムが来園者に及ぼす効果を来園者の表情の観察や聞き取りから明らかにする調査を行い、それらの結果を報告書にまとめた。

　Monroe教授はほかにも、人々の環境配慮行動の実施の有無に影響を与える心理要因を学ぶ授業も担当し、同授業では、まず環境配慮行動が起こる背景を理解するために有効な様々な社会心理学理論について学び、その後、受講生一人一人が実際に特定の理論を用いて自身の行動を変化させることが課された。社会心理学理論については本書の第4章で詳しく紹介するが、Monroe教授による同授業を受けて、環境教育プログラムがもたらす効果について予測する際

に先行研究で明らかになっている学術的理論や心理モデルに準拠して考え、そして検証することの重要性を学んだ。

　フロリダ大学大学院で行われていたプログラム評価に特化したもう一つの授業がGlenn Israel教授による "Evaluating programs in Extension Education（普及啓発プログラムの評価をする）" で、こちらは環境教育にとどまらず、一般市民向けに行われる様々な普及啓発プログラム（例：福利向上や健康増進のためのプロジェクト）の評価方法を学ぶクラスだった。長年普及啓発プログラムの評価に携わってきたIsrael教授は同授業ではマサチューセッツ大学のPeter Rossi教授らの書籍 "Evaluation: A Systematic Approach（評価：体系的アプローチ）"[10]を教科書として、さらにワシントン州立大学の Don Dillman 教 授 の 書 籍 "Mail and Internet Surveys: The Tailored Design Method（郵送及びインターネット調査：調整設計法）"[11]を参考書に用い、講義をしていた。同授業は評価をすることの意義、アカウンタビリティ（説明責任）について、評価アプローチの種類、利害関係者の特定、資源・予算・タイムラインの理解とインパクト評価、そして様々な分析手法やサンプリング、さらに倫理的問題まで学べる、まさにプログラム評価をするうえでのイロハを全て習得できる授業だった。この授業で課された課題の一つもMonroe教授による授業と同様に、実際に行われている普及啓発プログラムについて、受講生各々が評価をして、分析を経て報告書にまとめるというものだった。著者は当時博士後期課程の研究として携わっていた野生動物との共存を目指す普及啓発プログラムに焦点を当て、事前に収集していたデータを分析し、報告書にまとめた。

評価をする際に気をつけなければならない様々な点について確認しながら、一つのプログラムの評価・分析から報告書作成までのプロセスを実践しながら学べたこと、そしてその際に逐一評価の専門家であるIsrael教授からコメントをもらえたことが同授業の良かった点だ。

　Monroe教授の授業でもIsrael教授の授業でも共通していたことは評価に関する理論や手法を学ぶだけでなく、それを実際のプログラムに応用し、その効果をまとめるところまで受講生に求められていたことだ。理論や方法だけを学んでも現場で実践すると思うように効果を測れなかったり、実際のプログラムの内容に評価項目がそぐわないことに気づくこともある。両教授の授業方針は、環境教育プログラムの評価とは実践と連動しながら、評価方法そのものに改善を加えながら取り組んでいかなければならないことを示している。Israel教授が教科書にしていたRossi教授らの本[10]については邦訳された書籍『プログラム評価の理論と方法：システマティックな対人サービス・政策評価の実践ガイド』[12]も出版されているので参考にされたい。

●参考文献
1） Russ, A., and Krasny, M. E. 2017. "Urban Environmental Education Review". Cornell University Press. Ithaca, New York.
2） Armstrong, A. K., Krasny, M. E., and Schuldt, J. P. 2018. "Communicating Climate Change. A Guide for Educators". Cornell University Press. Ithaca, New York.
3） Cornell University. 2022. Measuring Outcomes.
https://www.birds.cornell.edu/citizenscience/measuring-outcomes/ （2024年1月19日

第2章

コーネル大学で行われている環境教育評価研究の例

アクセス）

4）Dickinson, J. L., and Bonney, R. 2012. "Citizen Science: Public Participation in Environmental Research. 1st edition". Cornell University Press. Ithaca, New York.

5）Cornell University. Request Form.
https://cornell.qualtrics.com/jfe/form/SV_cGxLGl1AlyAD8FL（2024年1月19日アクセス）

6）Krasny, M. E. 2020. "Advancing Environmental Education Practice". Cornell University Press. New York.

7）Stevenson, R. B., Brody, M., Dillon, J., and Wals, A. E. J. 2013. "International Handbook of Research on Environmental Education". Routledge.

8）Zint, M. 2013. Chapter 30: Advancing environmental education program evaluation. Insights from a review of behavioral outcome evaluations. in "International Handbook of Research on Environmental Education"（Stevenson, R. B., Brody, M., Dillon, J., and Wals, A. E. J. eds）. Routledge. P. 298-309.

9）Liddicoat, K., and Krasny, M. 2013. Chapter 29: Research on the long-term impacts of environmental education. in "International Handbook of Research on Environmental Education"（Stevenson, R. B., Brody, M., Dillon, J., and Wals, A. E. J. eds）. Routledge. P. 289-297.

10）Rossi, P. H., Lipsey, M. W., & Freeman, H. E. 2004. "Evaluation: A Systematic Approach. Seventh edition". Sage Publication Inc. London.

11）Dillman, D. A. 2007. "Mail and Internet Surveys: The Tailored Design Method. Second Edition". John Willey & Sons Inc. New Jersey.

12）P. H. ロッシ・M. W. リプセイ・H. E. フリーマン（著）、大島巌・平岡公一・森俊夫・元永拓郎（監訳）. 2005.『プログラム評価の理論と方法：システマティックな対人サービス・政策評価の実践ガイド』. 日本評論社. 東京.

第 3 章

プログラムの特質を
理解する：
ロジックモデルと
セオリー・オブ・チェンジ

前章では環境教育の評価に関するアメリカを中心とした研究の蓄積や、実際にアメリカの大学院で教えられている授業の内容を紹介したが、それらの内容には共通する要素がある。それは環境教育の評価をする際に、またそもそも教育プログラムを設計する際には、ロジックモデルやセオリー・オブ・チェンジなどを用い、プログラムが目指すゴールやそこに行きつくまでのプロセスなど、全体像を理解することが重要であるとしている点である。

3.1. ロジックモデル

　ロジックモデルとは、プログラムを実施するうえで必要なインプット（資源、人材など）、アウトプット（活動内容など）、そしてアウトカム（短期、中期、長期的変化）を図式化したもので（図3.1.）、プログラムのロードマップともいえる。どんな事業であっても評価をする際は、まずそのプログラムが目指しているゴールや活動内容について理解する必要がある。ロジックモデルに描かれるのは、そ

図3.1.　ロジックモデル

インプット	アウトプット	短期アウトカム	中期アウトカム	長期アウトカム
資源、人材など活動を達成するために必要な事項	活動内容	活動後、短期間で変化が生じることが期待できる事項	活動後、中期間で変化が生じることが期待できる事項	活動後、長期間で変化が生じることが期待できる事項

出所：Ernst, J. A., Monroe, M. C., & Simmons, B. 2009. "Evaluating Your Environmental Education Programs: A Workbook for Practitioners". North American Association for Environmental Education. Washington, D.C.をもとに著者作成

ういったプログラムの基本的な情報といえるが、実際に日々世の中で行われている様々な環境教育プログラムは、そのプログラムが目指す短期的目標から長期的目標まで詳細なゴールが必ずしも体系立てて整理、明文化されていないものが多い（この点については第9章でも実践例をもとに説明する）。

　プログラムのゴールを描いたロジックモデルを作成できたなら、あとはそこに示されている目標（アウトカム）に照らし合わせて何を、どのように、いつ評価するかを考えればよい。そして、もし短期、中期、長期アウトカムなどと細かく考えられていないのであれば、ロジックモデルを完成させることこそが評価の最初の一歩になる。

　ミネソタ・ダルース大学のJulie Ernst教授らが編著者となり北米環境教育学会が出版したワークブック "Evaluating Your Environmental Education Programs（あなたの環境教育プログラムを評価してみよう）"[1]でも第1章で、まずは対象とする環境教育プログラムの内容について整理することの必要性が説明されており、そのための使い勝手の良いツールとしてロジックモデルが紹介されている。一つのプログラムであっても多様な活動から構成されていることも、その運営のために様々な関係者が携わっていることもある。評価をするなら、プログラムの中でもどの活動に焦点を当てるか考えなくてはならないかもしれない。例えば、本書第10章で紹介する、とある中学校で実施されている海洋学習プログラムは流れ藻の回収作業、聞き書き学習、カキの種付けなど様々な活動から構成されているので、携わる人も教員だけでなく漁師、住民、NPO職員など多様だ。

図3.2.は同書[1]に紹介されているロジックモデルの例である。ここではインプット、アウトプット、アウトカムだけでなく、プログラム運営に携わる関係者、そしてプログラムから影響を受ける関係者や、プログラム実施に伴い期待されること（仮定）などが記載されている。ロジックモデルは「このようなプログラム・活動をしたらこのような変化が見込める」という予測を示す図だが、実際にプログラムを実行すると予想外の結果が得られることもある。どのような仮定・仮説をもとにプログラムが運営されているのかを事前に明記しておくことで、例えばプログラム実施後に期待していた成果が得られなかった場合に、プログラムの全体像を示すロジックモデルのどこに問題があったのか、後から確認し、モデルそのものに修正を加えることができる。図3.2.のモデルにはさらに価値、ビジョン、ミッションなども記載されている。プログラムの具体的な目標や活動を通して望まれる変化はロジックモデル内に記されているが、実施団体は環境教育プログラムを通して持続可能な社会の構築など、より大きなゴールを見据えていることも多い。それはプログラムを実施する団体の存在意義や使命とも言えるだろう。インプットからアウトカムまで明記できたらロジックモデルとしては十分だが、図3.2.のロジックモデルの一番下にあるようにビジョン、ミッション、プログラムを行う団体が目指す最終的なゴールも記載されていれば、プログラムの全体像が理解できる。

　ロジックモデルは、関係者（資金提供者などプログラムに関する様々な利害関係者）にプログラムの内容や目標を示すコミュニケーションツールとしても有効で、プログラムの評価をする際に、具体

図3.2. 持続可能な環境都市を目指すプログラムのロジックモデル

状況	インプット	アウトプット		アウトカム		
		活動内容	参加者	短期的変化（学び）	中期的変化（行動）	長期的変化（インパクト）
・保全が必要な都市部の衰退 ・学校は環境教育を行いたいと考えているが必要な時間や資源が不足	・お金（寄付や助成金） ・時間 ・スタッフ（専任職員3名、パートタイム2名） ・ボランティア	・市が実施するプログラム ・教員研修 ・ガイドブックやマニュアルの配布	・市内の小学生と中学生（7,000人程度が対象） ・パートナー（保護者、地域団体など） ・教育者	<u>生徒と教員の変化</u> ・地域の環境問題に対する意識を深める ・近隣の環境の豊かさを認識する ・協働的な問題解決能力を身につけ、それらを実践する能力が向上する <u>教員の変化</u> ・環境教育を行う、または環境問題を調べる能力が向上する	・生徒が教室外で新たに習得した問題解決能力を実践する ・学校と地域とのパートナーシップが強化される ・学校が地域コミュニティの中核を担うようになる ・環境教育に関心のある教員のための研修やネットワーク構築の機会が生まれる	・都市の環境が改善する ・市民が近隣や都市に誇りを感じるようになる ・環境問題の解決を目指した市民参加が活発化し、ソーシャル・キャピタル（人々の結びつきを支える仕組み）が増加する

プログラムの利害関係者：生徒と教員、参加者、保護者、関係団体の職員と助成団体、近隣の校区、地域住民

プログラムを運営するうえでの仮定：「教員は積極的に本環境教育プログラムに取り組む」「多くの参加者にプログラムを実施するよりも質の高い環境教育を少数の学校に実施することが有効である」

プログラム理論に関する仮定：「意識、知識、スキルの向上が人々の地域への愛着を深め、地域活動への参加を促進する」「地域をテーマとした環境教育プログラムは一般的な環境教育よりも効果がある」

価値：都市部の学習者に対して地域の問題と関連する環境教育を実施でき、彼ら／彼女らが地域特有の環境問題について理解を深める

ビジョン：以下の三点において環境教育のモデル団体として認識される：1. 自然、人工的、社会的環境を統合し、2. 連携として生徒、教員、校区、地域団体と協働し、3. 地域コミュニティに適切な意思決定や行動ができるように、関連する知識、スキルを備え付ける

ミッション：若い世代が生態学的な意思決定や行動ができるように、関連する知識、スキルを備え深める

出所：Ernst, J. A., Monroe, M. C., & Simmons, B. 2009. "Evaluating Your Environmental Education Programs: A Workbook for Practitioners". North American Association for Environmental Education. Washington, D.C. p.18-19 をもとに著者作成

的に何を調べたらよいかを示す指針としても重要だ。プログラム実施前に関係者にロジックモデルをロードマップとして共有でき、またプログラムがすでに始まっている場合は、予定していた目標（アウトカム）が達成できているのかを、ロジックモデルに記載されている項目ごとに評価していくことができる。予想していた成果が得られていない場合には、その原因について調べ、参加者のニーズや現場の状況とかけ離れた目標設定がされていたらロジックモデルに修正を加える[1]。ロジックモデルは一度作って終わりではなく、日々変化していくプログラムの運営状況や参加者の動向、さらに社会的状況を踏まえ、関係者間で修正していくことが望まれる。そういった意味では、ロジックモデルは継続的に行われる評価を手助けする順応的ロードマップといえる。

3.2. セオリー・オブ・チェンジ

次にセオリー・オブ・チェンジ（変化の法則）を説明する。これもロジックモデルと同様にそのプログラムが目指す変化を示す図であるが、解決すべき問題、問題が引き起こされている原因、そして解決するための変化の関係性を具体的に明記している点に違いがある。

すでに紹介したコーネル大学Krasny教授の書籍 "Advancing Environmental Education Practice"[2]では、環境教育プログラムを向上させるため、そしてより良い評価をするためにまずはプログラムに関するセオリー・オブ・チェンジを作るべきであると書かれて

いる。同書[2)]によればセオリー・オブ・チェンジとはどのようにプログラムの活動が成果に結びつくのかを説明する図であり、評価をする項目を特定したり、そのプログラムの内容について関係者とコミュニケーションをとるために重要なツールである。ここまでは先に説明したロジックモデルと同じように聞こえる。しかし同書によればロジックモデルはプログラムとそれがもたらす成果を描写（description）するものだが、セオリー・オブ・チェンジはプログラムの成果にたどり着くための道筋を説明（explanation）することに重きが置かれる。そして、ロジックモデルにはプログラムを行うために必要な全てのピースが記され、助成団体がプロジェクトの申請書を評価するために使われることが多いが、セオリー・オブ・チェンジは、新しい情報に基づきプログラムの成果をもたらす要因を特定したり、考え直したり、そしてそれを踏まえプログラムを順応させたり、より深い思考を促すためのツールであると書かれている。図3.3.は同書で紹介されている実際のセオリー・オブ・チェンジの例である。

　活動内容などのアウトプットと予想される成果（アウトカム）が列挙されていたロジックモデルに対して、それぞれの活動がどのような成果を生むことが期待されているか、その関係性を矢印で示している点がセオリー・オブ・チェンジの特徴である。セオリー・オブ・チェンジはこの図を作って終わりではなく、その活動がなぜ記載されている成果を生み出すのかを説明する文章とセットで提示される。この説明部分（narrative）が重要で、例えば普及啓発をすることで行動が変化するという関係性は何をもとにしているのか、そ

図3.3. ある環境教育プログラムに関するセオリー・オブ・チェンジ

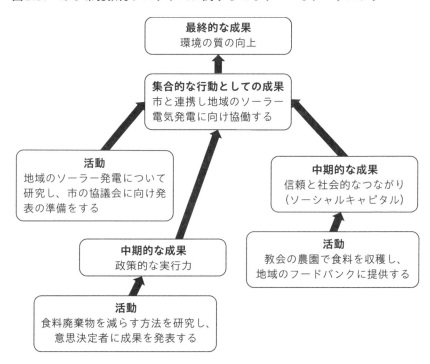

出所：Krasny, M. E. 2020. "Advancing Environmental Education Practice". Cornell University Press. New York. p. 23をもとに著者作成

の根拠も説明することがすすめられている。

　著者もセオリー・オブ・チェンジを作ってみた（図3.4.）。内容は本書『環境教育プログラムの評価入門』で目指す変化の法則についてだ。セオリー・オブ・チェンジを作成するうえでまず最終ゴールを示す必要がある。本書が目指す最終ゴールは持続可能な社会の構築であり、環境保全がキーワードである。そして、環境保全を実現するためには環境教育が重要という前提に立っている。次に行動ア

**図3.4. 本書『環境教育プログラムの評価入門』が目指す
セオリー・オブ・チェンジ**

```
┌──────────────────────┐
│    最終的な成果        │
│    環境保全           │
└──────────┬───────────┘
           ↑
┌──────────┴───────────┐
│  集合的な行動としての成果 │
│ 環境教育プログラムの評価が各地 │
│ で積極的に行われ、結果が共有さ │
│ れ、プログラム改善も進む      │
└────┬──────────────┬──┘
     ↑              ↑
┌────┴─────┐  ┌─────┴────┐
│ 中期的な成果 │  │ 中期的な成果 │
│ 評価に関する実践に伴う │  │ 評価に関する知識の普及と │
│ 知識や評価経験の蓄積  │  │ 意見交換の活発化      │
└────┬─────┘  └─────┬────┘
     ↑              ↑
┌────┴─────┐  ┌─────┴────┐
│   活動    │  │   活動    │
│『環境教育プログラムの評価入門』│  │ 環境教育プログラムの評価のため │
│を読み、読者が自身が携わるプロ │  │ のツール、考え方、手法に関する │
│グラムの評価をする      │  │ 情報が普及する        │
└──────────┘  └──────────┘
```

┌──┐
│ **変化が起こると推察される理由／根拠：**知識普及モデルより行動に直結する知識の │
│ 普及が実際の行動を促すことが先行研究から分かっている   │
└──┘

出所：Krasny, M. E. 2020. "Advancing Environmental Education Practice". Cornell
University Press. New York. の1章と6章を参考に著者作成

ウトカム、または集合的行動アウトカムを示す。これは先にあげた
最終ゴールを実現するために人々がすべきことである。ここでは
日々行われている環境教育プログラムが、継続的な評価活動によっ
て改善されることを集合的行動アウトカムとした。行動／集合的行
動アウトカムを示したら、次は中期的アウトカムの設定である。行
動アウトカムや集合的行動アウトカムがなされるために、どのよう

な知識、スキル、経験が必要だろうか。ここでは評価に関する実践に伴う知識や評価経験の蓄積、さらに評価に関する知識の普及と意見交換の活発化を中期的成果とした。最後に活動だ。これは中期的な成果を得るために実際に行われる／行うべき活動内容そのものだ。本書のセオリー・オブ・チェンジなので、活動はやはり本書を読むことであり、それをもとに読者が自身が携わる環境教育プログラムの評価を実践することとした。一方で本書は、世の中にたくさん存在する環境教育プログラムに関する情報（メディア、書籍、大学の授業など）の一つであり、それらの情報や媒体を通して広く評価に関する手法やツールが普及することも重要な活動となる。

　セオリー・オブ・チェンジのモデル自体は以上で完成するのだが、Krasny教授はさらに三つのすべきことをあげている[2)]。一つ目が背景の理解である。その活動が行われる際に注意すべき外的要因は何かということで、例えば環境教育プログラムの評価を読者それぞれが行う際にどのような障害やまたはそれらを促進する要因があるかを理解しておくことが必要としている。例えば環境教育プログラムの評価に関するツールや情報を普及させるために、現在どのような媒体が主に用いられていて、今後どのような媒体で啓発をしたらよいか、さらにどのような関係者とコネクションを作ったらよいかを理解・把握することがセオリー・オブ・チェンジで示されたゴールを実現するために重要になってくる。

　二つ目が記述・説明だ。Krasny教授はセオリー・オブ・チェンジを作成したら、どのように最終的な成果、集合的な行動としての成果、そして中期的な成果が達成されるのかを1段落程度で説明する

文章を作成することをすすめている[2)]。具体的にはなぜ中期的な成果が達成されると行動としての成果につながるのか（「○○が起こると、次に○○が起こる」など）、さらになぜ活動が中期的な成果をもたらすのか（「我々が○○をすると○○になる」など）を説明することが重要である。ここではさらにそれぞれの成果をどのように評価・測定できるのかも説明できたらよいだろう。

　三つ目に必要なことが「内省と修正」である。思い通りの成果を達成できたとしても、できなかったとしても、自身が考えた成功への道筋について内省して、その成果を考え直すことが重要だ。自分自身が仮定していたことは正しかったのかを常に考え、必要に応じてプログラムや目指すべき成果に修正を加えていくことが求められる。

　図3.5.、3.6.は著者がある中学校で行われている海洋学習プログラムの評価で作成したロジックモデルとセオリー・オブ・チェンジだ[3)]。この評価研究の詳細は本書第10章で説明している。ロジックモデルとセオリー・オブ・チェンジを作成したことで評価者（著者）にとっても、一緒に評価研究をした中学校の教員にとっても、プログラムが目指すロードマップについて理解を深めることができた。

　では実際の環境教育プログラムを評価する際にロジックモデルとセオリー・オブ・チェンジのどちらを使ったらよいのだろうか。Krasny教授の本[2)]には、セオリー・オブ・チェンジの方がより一歩踏み込んだ「深い」洞察ができると書かれているが、ロジックモデルも図3.2.の通り、変化の関係性を仮定として追加文章で記すこと

図3.5. 一連の評価研究の結果を踏まえ作成したロジックモデル：

インプット、アウトプット、短期アウトカム、中期アウトカムは中学校の教育
資料などを参考に、その他の斜体の部分は研究結果を踏まえて追記した同プ
ログラムの効果を示す成果である。

インプット	アウトプット	短期アウトカム（～1年間）	中期アウトカム（2、3年間）	長期アウトカム（4年～）
時間： 総合的な学習の時間 **スタッフ：** ・H中学校教員・○△×漁業協同組合 ・NPO法人○△× ・NPO法人○△× **ボランティア：** 大学生 **予算提供：** ○△×財団	**1年生：** ・カキの種付け ・アマモの種取り（流れ藻の回収） ・聞き書き ・アマモの種の選別／播種 ・カキの生息状況の観察 ・カキの洗浄処理 **2年生：** ・アマモの学習のまとめと1年生への発表 ・アマモの種取り ・アマモの生息状況の観察 ・アマモの種の選別／播種作業を1年生に教える **3年生：** ・沖縄での海洋学習 ・全国アマモサミットでの発表 ・アマモの種取り ・海洋学習のまとめ	**アマモ場の再生活動より：** ・海を身近に体感する ・活動が海を再生させ、地域の活性化につながり、地球環境の保全に寄与していることを理解する **カキの養殖体験活動より：** ・地元の基幹産業である漁業を学び、地域の特性と海洋及び漁業の現状を理解する ・勤労の苦労と喜び、大切さを学ぶ **聞き書きより：** ・アマモに関する知識や再生活動の意義を学び、郷土への愛情と誇りを培う ・コミュニケーション能力や思考力・表現能力を育成する	・アマモについて後輩に伝えられるようになる ・他地域と比較しながら日生のアマモについて考えられるようになる ・日生の発展のために自分には何ができるのか考えられるようになる ・*日生の海を守っていく意欲が高まる* ・*ゴミを海に捨てないようになる* ・*海やアマモを日常から観察するようになる* ・*漁師に感謝を感じ、食べ物にありがたみを感じるようになる*	・*卒業後も日生に愛着と誇りを感じ続ける日生人になる* ・*コミュニケーション能力、まとめる力、発表する力が豊かになる*

出所：桜井良. 2018. 里海を題材とした中学生への海洋プログラムの教育効果. 環境教育 28
(1): 12-22.（団体の名称は伏せている）

図3.6.　中学校教員や漁業関係者への聞き取り、
**　　　　さらに一連の評価研究をもとに作成したセオリー・オブ・チェンジ：**
左側が海洋教育を受ける前の中学生の状態、右側が海洋教育を受けた後の
（教育プログラムが目指す）中学生の状態を示している。

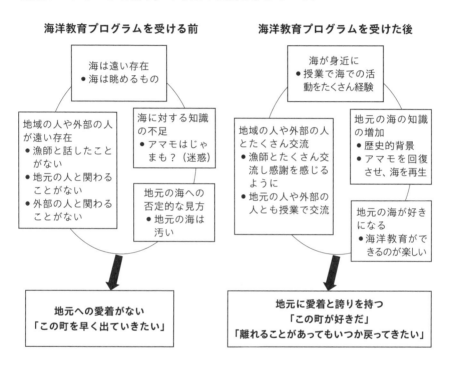

出所：桜井良. 2018. 「里海を題材とした中学生への海洋プログラムの教育効果」. 環境教育 28
（1）：12-22.

も可能だ。評価したいプログラムを思い浮かべ、使い勝手の良さそうな、または作成しやすそうな方を作ってみたらよいし、両方作ってみることで、そのプログラムの全容についてより理解を深めることもできるかもしれない。

ロジックモデルを作ってみよう

ロジックモデルやセオリー・オブ・チェンジを理解するためには、結局のところ実際に作ってみるのが一番早いだろう。まずはロジックモデルだ。今、自身が携わっている環境教育プログラムについて、インプット（投資するもの）、アウトプット（活動内容）、アウトカ

図3.7. ロジックモデルのフォーマット

状況	インプット	アウトプット		アウトカム		
		活動内容	参加者	短期的変化（学び）	中期的変化（行動）	長期的変化（インパクト）
・ ・	・ ・	・ ・ ・ ・	・ ・ ・	・ ・ ・ ・	・ ・ ・ ・	・ ・ ・
プログラムの利害関係者：						
プログラムを運営するうえでの仮定：						
プログラム理論に関する仮定：						
価値：						
ビジョン：						
ミッション：						

ム（成果）を図3.7.に書きだしてみよう。現在携わっている環境教育プログラムが特にない方は、この機会に自分が実施してみたい、または評価してみたい環境教育プログラムの内容を考えてみよう。プログラムに関わる利害関係者、プログラムを運営するうえで仮定している条件など、プログラムが生み出す価値、さらにプログラム実施者／実施団体の最終ゴールともいえるビジョンやミッションなども書いてみよう。必要に応じて各セルや表自体を大きくしたり、スペースを調整したりしながら作るとよいだろう。

　自身が携わる環境教育プログラムに関するロジックモデルを作成できたら、今度はこのモデルをもとに、何をどのように評価したらよいか、評価の道筋も考えてみよう。著者も以前、自身が行っている教育プログラム、つまり大学で日々行っている授業について、その目標や期待される成果を示すロジックモデルを作成したことがある。その時に感じたことは、外部評価者として特定のプログラムに関するロジックモデルを作るより、自分自身が行っているプログラムのロジックモデルを作ることの方が難しいということだ。自身のプログラムについてそのロードマップを作成することは決して簡単ではない。著者の場合、それは日々の授業準備と運営に気をとられ、この授業を受講することで学生はどのように成長し、授業後の生き方やキャリアにどのような影響を与えるのかといった個別具体的な短期・中期・長期的成果を頭の中でイメージしていても、それらを文章化したことがなかったからだ。だからこそ、ロジックモデルを作成し、ゴールにたどり着くためのロードマップを自身で確認することが著者にとっても重要であった。

次にセオリー・オブ・チェンジである。図3.8.はセオリー・オブ・チェンジを作成するためのフォーマットの例で、これを自由にカスタマイズして、自身の携わっている環境教育プログラムについて、その変化の法則を示してみよう。図3.8.は個別具体的な活動、それらの成果とのつながりを示すものだが、必要に応じて、矢印や各活動・成果の位置を移動したり、また新たな要素を追加したらよい。同時にそれぞれの変化が起こると推察される理由・根拠も文章にして示そう。ここで示された成果を踏まえることで、それらをどのよ

図3.8.　セオリー・オブ・チェンジのフォーマット

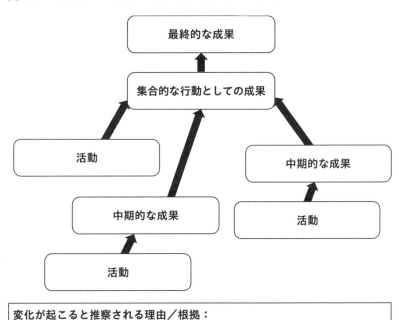

うに測定することができるのか、つまり評価の方法を考えることができる。つまりセオリー・オブ・チェンジはロジックモデルと同様、プログラムの目標を示すだけでなく、評価の対象や方法についても示唆を与えてくれるのだ。

　作成したロジックモデルやセオリー・オブ・チェンジは、プログラム運営に携わる別のスタッフなどと共有して、内容の確認をしてもらうとよいだろう。作成したロジックモデルやセオリー・オブ・チェンジは、彼ら彼女らが考えるプログラムの内容や目標とどのくらい合致しているのか、抜けている点や修正できる点があるかを確認し、必要に応じて改善するのがよい。ロジックモデルやセオリー・オブ・チェンジは関係者間で一緒になって作ることで多くの人が納得できるロードマップとなり、評価をするための指針としても、また関係者間でプログラムの改善点を考えるための協働ツールとしても有効なものになる（ロジックモデルを使用した実際の環境教育プログラムの評価及び実務者と研究者との協働事例については第9章で述べる）。

◉**参考文献** ⋯⋯⋯⋯⋯⋯⋯⋯⋯⋯⋯⋯⋯⋯⋯⋯⋯⋯⋯⋯⋯⋯⋯⋯⋯⋯⋯⋯⋯⋯⋯⋯⋯⋯⋯⋯⋯

1)　Ernst, J. A., Monroe, M. C., & Simmons, B. 2009. "Evaluating Your Environmental Education Programs: A Workbook for Practitioners". North American Association for Environmental Education. Washington, D.C.

2)　Krasny, M. E. 2020. "Advancing Environmental Education Practice". Cornell University Press. New York.

3)　桜井良. 2018. 里海を題材とした中学生への海洋プログラムの教育効果. 環境教育 28(1): 12-22.

第4章

プログラム評価を支える社会心理学理論の例

4.1. 環境教育プログラムの評価に理論が必要となる背景

　本書のタイトルは『環境教育プログラムの評価入門』だが、コーネル大学やアメリカで行われる多くの環境教育の評価研究と、日本で行われているものとで、少し違いがあると著者は感じている。それは特定の環境教育プログラムの評価研究として社会心理学理論などの理論の検証にどれほど重きを置くかということである。

　そもそも理論とは何か。科学の世界では特定の仮説を検証するために研究が行われることが多い。いわゆる仮説検証型研究である。例えば研究テーマが森林伐採により生じる環境変化の特定だったとする。そして実際に森林が伐採された地域において事例研究が行われ、森林がなくなると土壌における水分の吸収力が失われ、近くの川の水量が一時的に増加し、一方で土壌の養分も水と一緒に流されてしまうため土壌内の栄養分が減少したことが分かったとする。一つの調査地での一度だけの調査では川の水量の増加や栄養分の減少がこの調査／地域特有の現象だったのか、あるいは他の地域にも応用できる汎用可能性のある現象なのか分からない。そこで他の地域でも同様の研究が行われ、研究の蓄積が進む。やがて多くの地域において、森林伐採に伴い川の水量や土壌の栄養分が変化していることが確かめられ、その因果関係が立証されていく。このように最初は科学的問いであった仮説（例：森林伐採に伴い土壌の養分が減少する）が、十分に検証され広く受け入れられるようになるとそれは科学理論となる。数多くの研究の蓄積のもと検証され、受け入れられてきた理論は科学の世界では最も重要で確かな結果といえる。そ

して世の中に存在する多くの科学的研究は理論を検証するために、または理論を構築するために行われているともいえる。

　アメリカの環境教育の評価研究では社会心理学理論が用いられることが多い。社会心理学は「一見ランダムに見える人々の社会的な行動のパターンの背景に隠されている安定した規則性を明らかにする」[1]ことを目指した学問で、社会の中の人間の心の動きに着目している。そして社会心理学理論とは、先の科学理論に関する考え方を踏まえれば、社会心理学に関するこれまでの多くの研究で十分に検証され受け入れられてきた法則といえる。社会心理学理論の古典的な例としてTheory of Planned Behavior（計画的行動理論）があり、これは社会心理学者であるIcek Ajzenが同じく社会心理学者であるMartin Fishbeinとともに開発したTheory of Reasoned Action（合理的行動理論）を発展させた理論である[2]。これは人々が特定の行動をするうえで影響を与える要因を明らかにした理論で、まず人々が特定の行動をする際には、「その行動をしよう」とする意思、つまり「行動意図」が存在すると仮定している。そして計画的行動理論では人々の「行動意図」に「態度」（その行動をとることへの自分なりの評価）、「主観的規範」（その行動をとるように周りが期待する程度）、そして「行動統制感」（その行動を実際にどの程度容易に実践できるか）の三つが影響を与えるとしている（図4.1.）。例えば、リサイクルをするという行動に対しては、

- リサイクルへの好意的な態度を持っていて（例：「リサイクルをすることは良いことだ」という思いがあり）、

- 周りの人もリサイクルをするべきと考えているだろうという認識

図4.1.　計画的行動理論

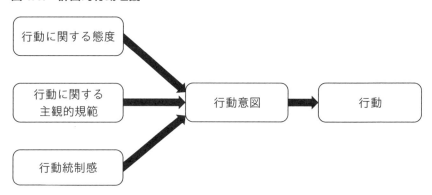

出所：Ajzen, I. 1991. The Theory of Planned Behavior. Organizational Behavior and Human Decision Processes 50: 179-211. をもとに著者作成

（主観的規範）が高く（例：「家族も自分が積極的にリサイクルをすることを望んでいる」と考えており）、

- リサイクルをすることが容易であれば（行動統制感が高ければ）（例：「リサイクルボックスが家のすぐ近くにある」）、

その人は非常に高い確率でリサイクルをすることが予想できる。

　この理論の通り考えると、人々の特定の行動を促進させるためには、その行動をとることへの態度、規範、統制感のいずれか、または全てを高めることが有効だ。具体的には、例えば人々にその行動をとることが良いことだと普及啓発し（行動への好意的な態度を高め）、すでに地域全体でその行動をとる人が多くいることを認識させ（主観的規範を高め）、その行動をとることに対する障害を取り除く（行動統制感を高める）ことができれば、人々の行動を変容さ

せることができるかもしれない。本章ではリサイクルという行動を例に説明したが、同理論を用いることで環境配慮行動に限らず様々な行動の予測が可能となる。ゆえに、同理論は多様な政策や普及啓発プログラムの設計や提言にも大きな示唆を与えてきた。1980年代に提案されて以来、世界中で様々なテーマにおいて計画的行動理論は検証され、行動意図（または行動）と心理要因との因果関係が示されてきた。「その行動をすることは良いことだと好意的に考えている人であれば、当然その行動をする。研究するまでもなく当然のことではないか」。そのような声も聞こえてきそうだが、一見当然と思われることでも科学的には必ずしも検証されていないことも多い。因果関係がありそうだと感覚的に分かることでも地道に科学的な検証を重ね、一つの法則を導き出していくことこそが科学のプロセスといえる。なお人々の行動に影響を与える心理的要因を説明する社会心理学理論は計画的行動理論以外にも多様に存在し、それぞれ検証研究が続けられている。

　第2章で紹介したフロリダ大学大学院のMonroe教授による環境教育の評価に関する授業では、プログラム効果を理解するうえで重要な社会心理学理論が数多く紹介・説明され、実際にプログラムの評価をする際にそれらの理論を応用することがすすめられていた。具体的にはこの授業では、初日に環境教育に関連する20程度の社会心理学理論が教授から示され、まずそれぞれの理論について、先行研究を踏まえ理解を深めることが受講生の最初の課題となった。次に、自身の日々の行動や自身が携わっている／研究している環境教育プログラムを念頭に置き、どの社会心理学理論を用いれば人々

の行動を変えられるのか、またはプログラムの効果を増進できるのか、受講生それぞれが考え、実際に検証した。私は当時節水をテーマに家で使用する水の量を減らすという目標のもと、自身の行動変化を試みたが、人の行動変容を促す前にまず自分一人の行動を変えることがいかに難しいかをこのプロジェクトを通して感じた。

これは、同時に社会心理学理論を用いることで、自分自身の行動やその背景にある心理要因がよく理解できることを実感する経験ともなった。当時節水を志した最も大きな理由は、この授業を受ける前に何人かの友人と旅行した際に、一人の親友から「君は食器を洗う時に水を使いすぎている。環境問題をテーマに研究している人ならもっと節水すべきだ」と言われてハッとしたからだ。親友からの言葉や視線、つまりある意味での主観的規範が私のその後の行動を変えたのである。

アメリカでは社会心理学理論をもとにしながら環境教育プログラムを設計したり、その評価を行うことが多い。それは先に紹介したコーネル大学Krasny教授による環境教育評価に関する書籍"Advancing Environmental Education Practice"[3]を見ても分かる。Introduction（はじめに）とConclusion（結論）を除く全15章のうち、6章以降（6章〜15章）は全て、「価値観、信念、態度」「自然とのつながり」「地域への愛着」「規範」など、社会心理学と密接に関連する、あるいは社会心理学理論そのものの説明に重きを置いているからだ。例えば「価値観、信念、態度」を説明する同書第6章では、この三つの概念の関連性について先行研究の成果が示され、実際にこれらをアンケート調査で測定する際にどのような質問項目を

用いたらよいか親切に示されている。その他の章でも同様に概念の説明（先行研究から明らかになっていること）、その概念がどのように実際の環境教育評価で使えるか、そして実際の調査で使用できる質問項目の提示、といった流れで説明がされている。

　ではなぜアメリカの環境教育評価に関する授業や教科書では、ここまで多くの時間を社会心理学理論の説明に割いているのか。なぜ理論を理解することが大事なのか。このことをKrasny教授に直接尋ねるために著者はコーネル大学に会いに行ったことがある。てっきりKrasny教授の研究室で会うのかと思っていたら、事前アポイントメントをとった際に指定された集合場所はキャンパスに広がるうっそうとした森の中にある湖だった。「湖の周りをハイキングしながら話しましょう」と言われ、率直に「それは楽しそうだな」と思ったのは束の間、実際歩いてみたらかなり傾斜のあるハイキングコースで、途中ぬかるんでいる道もあったり、私にとってはなかなかのアドベンチャーとなった。そして何よりKrasny教授の歩くスピードが速い。私は途中息を切らしながらKrasny教授の話に必死になって耳を傾けた。同教授は全く息を切らす様子もなく、アップダウンのある森林のハイキングコースを歩いていった。本当に自然が好きで自然の中で生きている素敵な女性だなと思った。

　肝心の環境教育評価における社会心理学理論を理解する重要性については、Krasny教授は「みんなが同じ意見かは分からないけど」と前置きをしたうえで、「環境教育を通して人々の意識や行動を変えたいのなら、そして社会を良いものにするためには、関連する学術理論をしっかりと理解し、それに基づいてプログラムを実施した

り評価したりしなければいけない。しかし、このことは環境教育の分野ではまだあまり受け入れられていないような気がする。そこに危機感を持ったことがこの本を書いたきっかけだ」と話してくれた。結局のところ、環境教育を通して目指している効果を生み出し、目的を達成するためには、そもそもその活動をすることでどうしてその効果が出るのかその根拠を理解する必要がある、ということだ。

自分でプログラムを運営する際も、そのプログラムの目的を人に説明する際も、考えうる効果について根拠を用意しておくことは重要だ。セオリー・オブ・チェンジにおいて、「このプログラムを通して参加者は〇〇の知識を深めることで、〇〇の行動をとるようになる」という因果関係を示したとする。知識が増えると行動が変わるとなぜ言えるのか。その根拠は何か。そこが大事なのだ。そして数多くの先行研究で因果関係が検証されてきた学術理論をもとにプログラムが設計されていること、そして評価も学術理論にのっとって行われてこそ、それらの取り組みは説得力を持つのだ。

研究のプロセスを例に説明してみよう。通常、研究者が研究をする際には、まず「〇〇の調査・実験をすることで〇〇の結果が得られる」「〇〇と〇〇を加えれば〇〇になる」といった仮説を立てる。この仮説が、もしその人個人の思い付きや経験に基づくものであるならば説得力がないだろう。「それはあなたの勝手な思い込みでしょう」となってしまう。だから研究者はまず膨大な先行研究をくまなくチェックし、過去に行われた同様の調査・実験で何が分かったのかを整理し、これまでの蓄積を踏まえ妥当な仮説を立てるのである。研究とは、思い付きで行うものではなく、これまでの先行研究の積

み重ねの延長線上にあるものだ。だからこそ多くの論文では分野に関係なく「先行研究」というセクションを冒頭に設け、これまでどのような関連する研究が行われてきたのか、そして何が分かっているのかを示す。そして先行研究の蓄積の一つの成果を示すものが理論である。すでに説明した通り、理論は数々の調査・実験で検証されてきたものなので、理論をもとに設計・調査された研究であれば、仮説の適切さも結果の妥当性も強い説得力を持つことになる。

アメリカの大学や研究機関では、理論をもとに研究を設計したり実施したりすることが、ある程度常識というか暗黙の了解となっているような印象を受ける。そのため、アメリカの研究者の多くが特定の環境教育プログラムの評価を行う際には、まずそのプログラムがどのような理論をもとに実施されているのかを吟味する。仮にプログラムが特定の理論をもとに運営されていなかったとすると、どの理論をもとにしながら調査をしたらよいかを熟慮するところから研究が始まる。

では実際に環境教育プログラム評価に応用できそうな社会心理学理論、または関連するモデルとはどのようなものがあるのか。ここでは特に関連しそうなものを三つあげる。

4.2. 自然とのつながり (Nature Connectedness)

この概念はその名の通り「人々がどの程度自然環境とのつながりを感じているか」を示すものである。自然体験活動をすることで人々はより自然とのつながりを感じるようになることが知られてい

る。Krasny教授によれば短時間の自然との触れ合いだけでなく長時間にわたって、さらに1回限りではなく継続的に自然の中で過ごすような体験活動が人々の自然とのつながりを深めるうえで効果的である[3]。特に子供は家族と自然の中で過ごすことが自然とのつながりを感じるうえで重要である。自然とのつながりは環境保全行動を促す重要な要素であるといわれており、多くの時間を自然の中で過ごすことで人は自然を自分のアイデンティティ（存在意義）の一部としてとらえるようになり、同時に自然があることが自分の幸福度を高めることを理解するようになる。このような経験、気づき、学びを経て、人々はより自然を守るべく行動するようになる。自然とのつながりはこれまで様々な定義がされてきたが、有名なものとして「地球上の全ての生物とのつながりを理解し、そのつながりに感謝すること」[4]という定義がある。

　環境教育プログラムに参加することで人々は具体的にどのように自然とのつながりを深め、そして結果的に環境保全行動が促進されるのだろうか。Krasny教授は「自然が自分のアイデンティティの一部だと理解すること」と「自然の中にいることの幸せを感じること」の二つの要素が自然とのつながりの醸成と密接に関係すると述べている[3]。先行研究を踏まえて仮定される因果関係は図4.2.の通りだ。ここでは、人は自然の中で過ごすことで自然とのつながりを感じるようになり、その体験から自然が自分のアイデンティティの一部であると認識するに至り、（自分のアイデンティティを守るために）自然を守るべく行動するようになる、という因果関係が示されている。これとは別に自然の中で過ごし、楽しい思い出をたくさん作ること

図4.2. 自然とのつながりと環境保全行動との関連性を示す概念図:
自然の中で過ごした人は自然とのつながりを感じるようになり、自然が自分の
アイデンティティの一部になり、環境保全行動をとるようになる。

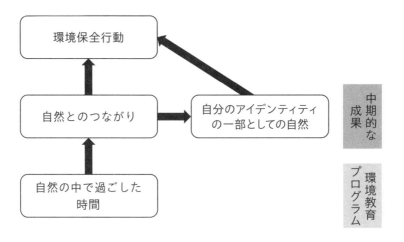

出所:Krasny, M. E. 2020."Advancing Environmental Education Practice". Cornell
University Press. New York. p. 122をもとに著者和訳

で、人々は幸福感を持つようになり、この感情が自然とのつながり
を深め、最終的に自然を守ろうとする行動につながるとする研究結
果もある[5]。

　では具体的に自然とのつながりの程度をどのように測定したらよ
いのだろうか。先行研究[6]で開発された自然とのつながり尺度の項
目は14項目あり、それらは、

　「私はいつも自分の周りの自然と自分が一体化していると感じて
いる」

　「私は、自然は自分が属するコミュニティであると考える」

　「私は他の生物の知性を理解している」

「私はいつも自然から離れていると感じている」*

「私は自分の人生を考える時、生命の大きな循環プロセスの一部であると思う」

「私はいつも動物や植物に親密さを感じる」

「私は自分自身が地球に属すると感じる」

「私は自分の行動がどのように自然に影響を与えるか深く理解している」

「私は生命のつながりの一部であるといつも感じる」

「私は人間と人間以外のものも含む地球上の全ての生き物が共通の生命力を持っていると感じる」

「一本の木が森の一部であるように、私は自然界に埋め込まれていると感じる」

「私は自分の地球の中の位置を考える時、私は自然界の階層の最上位に位置すると感じる」*

「私はいつも周りの自然の中の小さな一部であり、私は地面に生える草や樹上にいる鳥より重要ということはないと感じる」

「私の個人的な幸福は自然界の繁栄と関係ない」*

といったものである（著者による和訳）。回答者は一般的にそれぞれの項目について5段階（「1: 全く賛成しない」〜「5: とても賛成する」）で答え、集計においては平均値などを用い、その人の自然とのつながりを得点として算出できる。*がついた項目は逆転項目といわれ、点数は反転させて使用する。つまり例えば「私の個人的な幸福は自然界の繁栄と関係ない」に対して「5: とても賛成する」と回答した人は5段階では「1」（自然とのつながりが低い方）に換

算される。上記の項目群のスコアが高い人ほど、自然とのつながりを感じていると考えられ、そのような人は環境配慮行動を実施していたり、幸福度が高い傾向があることが分かっている。

　自然とのつながり尺度や関連項目は上記以外でも、世界中に多様に存在する[7, 8]。そして国内にも日本語に訳された項目や新たに開発された自然とのつながり尺度もある[9]。評価したい環境教育プログラムのゴールの一つが参加者の自然とのつながりを深めることであるならば、これらの項目を用いてアンケート調査を行い、実際に参加者の自然とのつながりが醸成されたのかを検証することができる。既存の尺度を使うことの良い点は、これらの項目が先行研究により、その妥当性（例：測ろうとしている要素を計測できているか）や正当性（例：異なる時間や場所で調査しても同様の値が得られるか）がある程度担保されていることである。また既存の項目を使うことで自身のプログラムの成果を世界中に存在する同様のプログラムの効果（先行研究）と比較することができる。

4.3. 地域への愛着 (Sense of place)

　ある海岸で子供たちが磯遊びを楽しみ、そこに生きる生物について学ぶ環境教育プログラムが行われたとしよう。その際、プログラムを通して子供が何種類の生物の名前を覚えたかなどは、プログラム運営者からすればさほど大事なことではないかもしれない。もっと大事なことは、子供たちがたくさんの生物が生きるその場所について理解を深め、その場所に愛着を持つようになることかもしれな

い。そしてまた別の機会に子供たちがその海岸を再び訪れ磯遊びを楽しみ、生き物観察を自主的に継続するようになったらプログラム運営者からすれば御の字かもしれない。つまりこのプログラムが目指しているのは参加者が活動を通して、たくさんの生物が生きるその場所への愛着を育むことかもしれない。地域への愛着（Sense of place）は人々が感じる特定の場所へのつながりや満足感、そしてその場所の意味付けから構成される概念である。

　環境保全の分野における地域への愛着の重要性を世界に先駆けて提唱した研究者の一人がコーネル大学のRichard Stedman教授である。Stedman教授によれば人々はたいてい特定の場所に対して特定の意味付けをしており、その場所にどのようなつながりを持ち愛着を抱くかは、その人自身がどのような人物かというアイデンティティと密接に関係する[10]（アイデンティティの重要性は先の「自然とのつながり」概念においても指摘されている）。アメリカのウィスコンシン州で行われた研究からは、ある湖の近くに住む住民はその湖に強い意味付け（例：この湖は美しい）を持っている人、さらに湖とのつながりを感じ自身のアイデンティティの一部と感じている（例：この湖にいることで自分自身でいられる）人ほど湖への満足度が高く、その湖を守ろうとする保全意欲が高かった[10]。冒頭の特定の海岸で行われるプログラムを思い出してみよう。海への愛着を高めるプログラムは、その海岸を将来にわたって守っていこうとする人材を育成しているとも考えられる。Krasny教授によると、環境教育のプログラム運営者は子供たちが自然の中で過ごす機会を提供することで、彼ら彼女らがその場所への生態学的な意味付けを持つ手

図4.3. 地域への愛着と環境保全行動との関連性を示す概念図：
特定の場所／自然の中で多くの時間を過ごした人はその地域に何らかの生態学的な意味付けを持ち、その場所とのつながりを深めるようになり、これらがその地域を守ろうとする保全行動の促進に影響を与える。

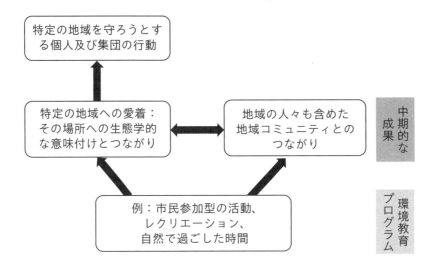

出所：Krasny, M. E. 2020. "Advancing Environmental Education Practice". Cornell University Press. New York. p. 134 をもとに著者和訳

助けをすることができる[3]（図4.3.）。具体的には、フィールドワークを通してその場所に生息するたくさんの生物を観察することで、参加者は「たくさんの野生動物が住む場所」という新たな意味をその場所に見出すことになる。近所の自然の中で過ごすだけでも人々のその場所への愛着は深まるかもしれない。特定の場所への生態学的な意味付けを感じている人、さらにその地域へのつながりを感じている人は、その場所が人工的に開発されそうになった時に守ろうとする、またその自然が破壊されてしまった場合は以前の状態へと自

然を再生させようとする行動（例：植樹）をとることが知られている。

　では先行研究では人々の地域への愛着をどのように測定してきたのだろうか。一つの例として、コーネル大学の研究チームがニューヨーク州ブロンクス地域における人々の地域への愛着を測定した際に使用した尺度がある[11]。この研究においては、地域への愛着はその場所とのつながりに関する8項目とその場所への生態学的な意味付けに関する12項目から測定されている（*のついた質問は逆転項目である）。

場所とのつながり
- ブロンクスは私がしたいことをするうえで最高の場所だ
- ブロンクスが私の一部のように感じる
- ブロンクスの全てが私が誰であるかを示している
- 私はほかのどの場所にいるよりもブロンクスにいることに満足を感じる
- 私はブロンクスにおいて自分のアイデンティティを強く感じる
- ブロンクスは私が楽しいことをするうえで適した場所ではない*
- ブロンクス以外に、住むのに適した場所はほかにもある*
- ブロンクスは私がどのような種類の人間かを表している

場所への生態学的な意味付け
- ブロンクスは私が自然とつながる場所だ
- ブロンクスは私が動物や鳥を見かける場所だ

- ブロンクスは人々が自然を見つけられる場所だ
- ブロンクスは人のコミュニティにおいて樹木が大事な要素を示す場所だ
- ブロンクスは人々が川に触れることができる場所だ
- ブロンクスは人々がコミュニティガーデン（街なかの花壇）を楽しむ場所だ
- ブロンクスは人々が公園を利用できる場所だ
- ブロンクスはカヌーやボートができる場所だ
- ブロンクスは自然の中で楽しめる場所だ
- ブロンクスは自然について学べる場所だ
- ブロンクスは自然の美しさを楽しめる場所だ
- ブロンクスは食べ物を育てることができる場所だ

　地域への愛着も自然とのつながり尺度と同様に、世界中でたくさんの先行研究の蓄積が進み、同時に様々な尺度が開発されている。例えばアメリカでも先に示した尺度以外で、スタンフォード大学の環境教育の専門家であるNicole Ardoin教授が独自のSense of place尺度を開発している。Ardoin教授ら[12]は地域への愛着を「生物・物理的要素」「社会・文化的要素」「心理的要素」「政治・経済的要素」の4つを用いて測定しているのが特徴である。これら4つの因子を用いて日本の人々の沿岸域への愛着レベルを示した研究の結果を本書第8章「分析方法」（145ページ、図8.4.）で実際に使用した項目とともに示しているので、関心のある方は参考にされたい。

4.4. 価値観、信念、そして態度(Values, Beliefs, and Attitudes)

　本章で紹介した計画的行動理論、自然とのつながり、そして地域への愛着は、どれも何が人々の自然保護活動や環境配慮行動を促進するのかを示すうえで効果的なモデルである。特定の自然の中で活動をすることで、人はその自然とのつながりを感じ（心理要因A）、その結果、その自然を守ろうと考えたりするようになる（心理要因B）。つまり心理要因（AとB）はお互いが影響を与え合う関係であることが分かる。同時に心理要因は階層として存在することが分かっている（図4.4.）。心理要因の階層の最も下に位置するもの、つまり人々の意識や行動の最も根本をなすものが価値観Valuesである。価値観とはその言葉通り、人々が価値を置いているものであり、個人が望む姿の最終形である。例えば「正直さ」という価値観を持っている人は正直であることが自身の人生において重要と考えていることが推察される。そのような価値観を持つ人は仕事をする時も、友人と交流する時も、正直な態度をとることが予測できる。一般的に価値観はその人が幼い時に培われるもので、その人のアイデンティティとも関係しており、その後、年を重ねても基本的に変化することはないとされている。

　価値観の上に位置するのが信念Beliefs（あるいは価値志向Value Orientation）であり、社会心理学では個人のある対象の事実的側面に関する信条を意味する。例えば「人間の生存のために森は不可欠な存在だ」という考えは信念になる。信念の上位に位置するのが態度Attitudesで、これはすでに紹介した計画的行動理論における態

度と同様、ある対象への個人が感じる賛否や好き嫌いなど、特定の事柄に対するその人の評価と言える。例えば「森を守ることは好ましい」と個人が考えるかどうかは態度といえ、アンケートでは「1. 好ましくない」「2. あまり好ましくない」「3. どちらともいえない」「4. 少し好ましい」「5. 好ましい」といった回答スケールで聞くケースが多い。態度はその上位にある行動意図に影響を与え、行動意図は実際にその行動をするかどうかに直接的に影響を与える。例えば「リサイクルをすることは良いことだ」と考えている人、つまりリサイクルをすることに好意的な態度を持っている人は、リサイクルをしようとする意図も高く、当然その人が実際にリサイクルをす

図4.4. 心理要因の階層

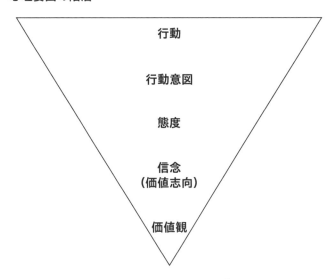

出所：Decker, D. J., Riley, S. J., & Siemer, W. F. 2012. "Human Dimensions of Wildlife Management". The Johns Hopkins University Press. Maryland. p. 44をもとに著者作成

る可能性も高い。

　同じ価値観を持っている人が同じ行動をとるとも限らない。例え
ば「あらゆる生命の尊重」という価値観を持っている二人が、結果
的に一方は狩猟活動への反対運動をして、もう一方は自ら狩猟を積
極的に行うこともありうるとしている[13]。生命を尊重すべきという
価値観とともに「動物も人間と同様の権利がある」という信念を持
っていれば「狩猟は悪い活動だ」という態度を形成し、狩猟に反対
の行動をとることが予想される。一方で生命を尊重すべきという価
値観のもと「動物の命は我々人間のために丁寧に取り扱うべきだ」
という信念を持っていたら、「狩猟は良い活動だ」とする態度を持
つことも可能だからだ。

　これを踏まえると、例えば環境教育を行う際には特定の行動
（例：リサイクル）に直結するような態度を植え付けるプログラムは
効果的である。また子供たちに自然体験をさせ、自然の中で楽しい
経験をたくさんするようなプログラムは、子供たちの自然を守るこ
とへの好意的な態度を育むだけでなく、自然には価値があるという
信念や価値観を幼少期に持つことにも影響を与えうる[3]。

　この考えをもとにした社会心理学理論に認知的不協和理論
（Cognitive Dissonance Theory）がある。これは「一般的に人は事
実に反する信念や態度を自身が持っていると自覚すると不快感を覚
える」という考えをもとにしている。この不快感を軽減させるため
に、人は特定の行動をとることになる。これを踏まえると、すでに
「自然は保護するべきだ」という信念を持っている人は、自然を破
壊するような行動をすることは避けるだろう。一方でそういった信

念を持っておらず日常的に自然を破壊する行動をとっている人には、自然の中で行う体験型保全活動を継続してもらうことで、まずは行動を変えてもらうことがよいかもしれない。すると新たな行動（自然保護）と自分の信念（自然は破壊してもよい）がそぐわなくなるため、自身の信念も自然保護を重視するものへと変わっていく可能性がある[3]。

4.5. 社会心理学理論に沿ってプログラム設計し、評価することに欠点はないのか?

　本章の冒頭で述べた通り、社会心理学理論などの学術理論をもとに環境教育プログラムを構築し、それらの理論に沿ってプログラムの評価ができたのであれば、プログラム内容及びその教育効果について説得力を持って説明できるであろう。科学の目的の一つが普遍的な理論を構築することだと本章の冒頭で述べたが、環境教育プログラムの評価研究において、特定のプログラムが特定の参加者に与えた影響を示すだけでは普遍的な理論が構築できたとは言い難いかもしれない。理論と言えるようにするためには、例えば同様の内容のプログラムを他の地域や人々に行っても同様の効果が得られるのか、つまり結果の他の事例への応用可能性の有無も検討する必要がある。この本の読者の多くも、自身が携わる環境教育の評価に役立ちそうな情報を探し求めているのではないだろうか。異なる事例にも使えそうな役立つ情報というのは、特定の場所で特定の人が我流で行った評価項目群ではなく、先行研究に裏打ちされた学術理論に

のっとった項目群である。例えば自然とのつながりの概念を踏まえ環境教育プログラムを設計・実施し、各国の先行研究で使われてきた「自然とのつながり」尺度を用いて参加者の教育効果を測定できれば、自身のプログラムの特徴をこれまで積み重ねられてきた同様の取り組みと比較して理解・説明できるであろう。

　ではいついかなる時でも、社会心理学理論などの学術理論を用いてプログラムの設計や評価を行うべきなのだろうか？　私は必ずしもそうではないと考える。特定の理論に沿ってプログラムの内容やその評価方法について考えてしまうと、考え方の枠が狭まってしまう気がする。例えば本章に登場した自然とのつながり尺度を用いてプログラムの評価をしたとする。プログラムに参加したことで人々の自然とのつながりがどのように醸成されたのかを、これまで使われてきた尺度を使って評価ができるが、そのプログラムが目指しているのは必ずしも参加者の自然とのつながりを深めることだけではないかもしれない。例えばその自然が豊かな地域の周辺に住む人々とも交流し、参加者がその地域に暮らす住民の生活を学ぶこともプログラムの目的であるかもしれない。しかし、自然とのつながり尺度ではこういった他の多様な効果まで評価することはできない。別の尺度や項目も必要になるのだ。

　そもそも先行研究で使われてきた尺度や項目をそのまま自身の環境教育プログラムの評価に使ってしまってよいのか、という疑問もわく。例えば本章で紹介した地域への愛着概念だが、日本の中山間地域の住民に対して行われた環境教育について、プログラム後の参加者の地域への愛着の変化を測る際に、ニューヨーク州ブロンクス

において使用された愛着尺度を使用するのは適切なのだろうか？
「ブロンクスで使用した調査項目をそのまま他の地域や国で使えると考えるのはナンセンスだ」。こう私に話してくれたのは地域への愛着尺度を考案したRichard Stedman教授（コーネル大学）だ。その地域の特色によって例えば都心部か郊外か、人工的に作られた自然エリアか原生的自然エリアかによっても、人々が感じる愛着の種類は異なるだろう。特に、その場所に人々が感じる意味付けは、他の地域や文化では見られない独特のものがあるかもしれない。例えば沿岸域に暮らす人々が地元の海に感じる愛着は、人々が山や森に対して感じるものとは全く異なる意味付けをもとにしているかもしれない。Stedman教授は「人々が特定の地域に感じる意味付けを理解するために個人個人への聞き取り調査、さらにグループへのフォーカス・グループ・インタビューなどを通して、人々が特定の地域に持つイメージや考え方を自由に話してもらうことが大切で、聞き取りなどの定性的な調査こそ最初のステップとしてふさわしい」と話してくれた（調査方法や分析手法については本書第7章及び第8章で詳細に述べる）。

　プログラムが目指す目標や想定される効果が事前に分かっていればよいが、日々活動は行われているものの実際にどのような効果を出しているのか、運営者本人でも漠然としか分かっていないことも多い。そのような時は最初からアンケート調査をするのではなく、まずは参加者がプログラムを通して何を考え感じたのか、じっくり聞き取りをしてみるのもよいだろう。その場合、研究としては特定の理論を検証するものではなく、そもそもどのような効果が仮定さ

れるのかを考え、プログラム効果に関わる独自の仮説を導き出す仮説構築型の調査になるかもしれない。

　ある環境教育プログラムの評価をする際には、まずそのプログラムが何を目指しているのか、目的やゴールを明らかにする必要があり、そのためにロジックモデルやセオリー・オブ・チェンジを作ることが重要であることは第3章で示した通りだ。評価はプログラムの目的に照らし合わせて実施するのがよいだろう。もしプログラムの目的の一つが参加者が感じる自然とのつながりを深めることであれば、どのような「自然とのつながり」尺度が存在するのか、先行研究を調べてみて、数ある尺度や項目群の中で特に自身のプログラム内容に近そうなものがあればそれを採用すればよい。本章で示した自然とのつながり（59〜60ページ）の項目群がしっくりくれば、これを援用したらいいだろう。プログラムの内容や目的に照らし合わせ、特定の理論やモデルを用いて評価したほうが自身にとって評価がしやすいのであれば、そこで初めて社会心理学理論の応用を考えてもよいかもしれない。

　研究発表であれば、どの学術理論に基づき調査を設計し評価したのかという点が重要になってくる。研究とは本来、科学への貢献を目指しており、学術理論や特定の科学手法にのっとっていないものは、その学術的意義が乏しくなるからだ。現に著者も、瀬戸内海沿岸域の中学校で行われている環境教育プログラムの評価研究の結果（詳細は本書第10章に記載）をコーネル大学の研究者に発表した際に、やはりこの点について指摘を受けた。「この評価研究は何の学術理論に基づいて行われているのか」と。実際にはこの研究は地域

への愛着概念を用い、またアプローチはグラウンデッド・セオリー（本書第10章で詳細を説明している）を応用していたわけだが、それは科学への貢献を目指す研究者の世界の話だ。単純に自身のプログラムの評価をしたい実務者にとっては、学術理論よりもまずはそのプログラムの内容や目的を明らかにすること、つまりロジックモデルやセオリー・オブ・チェンジを作ることの方が有意義かもしれないし、それに基づき自身で独自の評価項目・尺度を作って調査することも正しいアプローチだと思う。

●参考文献 ···

1) 池田謙一・唐沢穣・工藤恵理子・村本由紀子. 2010. 『社会心理学』. 有斐閣. 東京. p. 2 より.

2) Ajzen, I. 1991. "The Theory of Planned Behavior". Organizational Behavior and Human Decision Processes 50: 179-211.

3) Krasny, M. E. 2020. "Advancing Environmental Education Practice". Cornell University Press. New York.

4) Nisbet, E. K., Zelenski, J. M., & Murphy, S. A. 2009. The nature relatedness scale: linking individuals' connection with nature to environmental concern and behavior. Environment and Behavior 41(5): 715-740.

5) Zelenski, J. M., & Nisbet, E. K. 2014. Happiness and feeling connected: The distinct role of nature relatedness. Environment and Behavior 46(1). https://doi.org/10.1177/0013916512451901

6) Mayer, F. S., & Frantz, C. M. 2004. The connectedness to nature scale: a measure of individuals' feeling in community with nature. Journal of Environmental Psychology 24: 503-515.

7) Cheng, J. C. –H., & Monroe, M. C. 2012. Connection to nature: Children's affective attitude toward nature. Environment and Behavior 44(1): 31-49.

8) Nisbet, E. K., & Zelenski, J. M. 2013. The NR-6: A new brief measure of nature relatedness. Frontiers in Psychology 4: 813.

9) 芝田征司. 2016. 自然に対する感情反応尺度の作成と近隣緑量による影響の分析. 心理学研究 87(1): 50-59.

10) Stedman, R.C., 2002. Toward a social psychology of place: predicting behavior from

place-based cognitions, attitude, and identity. Environment and Behavior 34(5): 561-581.

11) Kudryavtsev, A., Stedman, R., & Krasny, M. E. 2011. Sense of place in environmental education. Environmental Education Research 18(2): 229-250.

12) Ardoin, N.M., Schuh, J.S., Gould, R.K. 2012. Exploring the dimensions of place: a confirmatory factor analysis of data from three ecoregional sites. Environmental Education Research 18(5): 583–607

13) Decker, D. J., Riley, S. J., & Siemer, W. F. 2012. "Human Dimensions of Wildlife Management". The Johns Hopkins University Press. Maryland. p. 45 より.

第 5 章

事前・中間・事後評価で効果を明らかにする

これまで環境教育プログラムの評価において、具体的に何を（例：調査項目）どのようなツール（例：セオリー・オブ・チェンジ）を用いて評価したらよいかを説明してきたが、そもそもいつどのタイミングで評価をしたらよいのだろうか。

　第1章で紹介したErnst教授らによる書籍 "Evaluating Your Environmental Education Programs"[1] には三つのタイプのプログラム評価、すなわちFront-end evaluation（初期段階の評価）、Formative evaluation（形成的評価）、Summative evaluation（総括的評価）が紹介されている。初期段階の評価は別名ニーズアセスメントとも言われ、具体的な内容としては、そもそもどのような問題が現場に存在するのかを把握し、それを解決するためにどのような環境教育プログラムを設計・実施したらよいかを検討することなどがあげられる。例えばプログラムに参加予定の人が環境問題について事前にどの程度の知識を持っているのか、そして環境配慮行動をどの程度実践しているのかを把握することで、参加者が求めるニーズや参加者が必要としている情報を踏まえてプログラムを設計することができるだろう。初期段階の評価は一般的にプログラムが行われる前に実施されるため、事前評価ともいえる。事前評価には、参加者のニーズなどを明らかにするニーズアセスメント以外にも、その他の関係者への聞き取りやプログラムが行われるまでの経緯の把握なども含まれるため、ニーズアセスメントは事前評価の一部であると言えるだろう。

　次に形成的評価だが、これはプログラムが始まった後に内容の改善を目指して行われる調査だ。当初設定されていたプログラムのゴ

ールに照らし合わせ、予定通りの質と量の活動が行われているか、運営者が期待していた反応をプログラム中に参加者が見せているか、プログラムを通して企画者側の狙い通りの学びを参加者が享受しているかなどを調べるのが、この形成的評価だ。これらの結果を踏まえ、プログラム内容について改善すべき点が明らかになる。形成的評価はプログラムの途中で行われるという意味において中間評価ともいえる。

　最後に総括的評価は、そのプログラムの成果や価値について評価をするもので、一般的にプログラム実施後に行われるため、事後評価ともいえる。例えばプログラム終了後に参加者の知識、態度、行動などを測定し、プログラムが目標としていた成果（例：参加者の意識の変化）が見られるかどうかを評価するものである。

　上記の通りErnst教授らは環境教育プログラムの評価を初期段階の評価（事前評価）、形成的評価（中間評価）、総括的評価（事後評価）の3タイプに分けて説明しているが[1]、評価と言ったらプログラム終了後に行われるもの（事後評価）を思い浮かべる人も多いかもしれない。例えば日本環境教育学会の学会誌『環境教育』に掲載されている、また環境教育に関する著名な国際誌であるEnvironmental Education Research誌などに掲載されているプログラム評価に関連する論文に目を通すと、それらはSummative evaluation、つまり事後評価の結果に関する内容であることが多い。もちろんそのプログラムの効果や意義を考えるためには、プログラム終了後の参加者の変化などを見ることが効果的だが、そのプログラムの真の意義や課題を考えるうえでは、終了後だけではなく、プ

ログラムが行われている途中段階で、さらにプログラムの内容がまだ形になっていない初期の段階で評価をすることが重要であることが同書[1]を読むと分かる。

　では実際に事前評価や中間評価をすると具体的にどのようなことが分かるのだろうか。ここでは、実際に著者が行った調査の例を紹介する。まず事前評価だ。著者は普及啓発／教育プログラムが行われる前の状況を把握するためにニーズアセスメントとして住民への意識調査[2]をしたことがある。場所は野生動物による農作物被害などが頻発し、行政による住民への継続的な野生動物対策講習会が予定されていた栃木県のある地区である。事前評価の結果、野生動物による農作物被害を防ぐための方法を知っている人が地域で1割程度しかいないこと、さらに大半の住民が対処方法について十分に説明がされてこなかったと行政に不満を抱いていることが分かった。事前評価をしたことで、住民の多くが野生動物対策をするうえで必要な知識を持っておらず、普及啓発／教育プログラムを実施するニーズがこの地区にはあることが分かったのだ。さらにこのニーズアセスメントでは、住民の野生動物全般に関する知識（例：イノシシの生態）も聞き、具体的にどの内容について住民の知識がどの程度不足しているのかも分かったため、本結果を踏まえ講習会において何をどのように伝えればよいかが明確になった。これらはいずれもプログラムを企画・実施する運営者側からすれば、これから行う事業の正当性を示す重要な情報となった。行政に限らず、外部から資金援助を受け、または助成金を得ながら環境教育を行う者にとって、実施する事業の意義を資金提供者や関係者に示すことは重要なミッ

ションだが、その際にニーズアセスメントの結果が大きな意味を持つ。特に資金援助を受けずに環境教育プログラムを行っている人も、まず現場にどのようなニーズがあるのか、プログラムで扱うテーマについて参加者が事前にどの程度理解しているのかを把握することは重要だ。

　ニーズアセスメントを実施したら、今度はその結果を踏まえ、事業の内容や目標を定めていく。栃木県における取り組みでは、ニーズアセスメントや関係者への聞き取りなどの事前評価をもとに、今後地区で行うべき普及啓発／教育プログラムの活動内容案や目指すべきゴールを行政の関係者とともにロジックモデルにまとめた（図5.1.）。ロジックモデルの短期的目標に「住民の半分がイノシシ被害を防ぐための方法を知っていると答える」や「イノシシ被害対策に関する知識問題の正解率が70％になる」などと記載したが、これらは事前評価をしない限り、具体的かつ現実的な数値目標（例：70％）を設定することは難しかった。事前評価は、評価の第一ステップであり、今後のプログラムの在り方や方向性をも左右する重要な役割を持つ。

　次に中間評価だ。中間評価は期待していた変化がいつ、どのように、どのくらい起きるかを知るためにも重要だ。ここでは大学の授業が受講生に及ぼした教育効果を明らかにするために、学生の理解や意識が学期を通してどのように変化していったかを調べた結果[3]を紹介する。著者の授業を受けていた学生に対してアンケートを、

　（1）授業が行われる前の最初のオリエンテーションの際（4月）

　（2）学期途中（6月）

図5.1. 事前評価として実施したニーズアセスメントの結果をもとに作成したロジックモデル

投資されるもの	活動 (1年間で4回の実施を目指す)	目標参加者数 (1年で合計160人)	短期的目標 (活動開始1年後):意識の変化	中期的目標 (活動開始3年後):行動の変化	長期的目標 (活動開始10年後):地域レベルでの変化
関係者:栃木県自然環境課／宇都宮大学／栃木市／栃木県農村振興課 資金:栃木県自然環境課(講師派遣料)	・イノシシ対策講習会 ・地域を歩く集落点検 ・農地／住宅地周辺の下草刈り ・野生動物対策の勉強会	40人 40人 40人 40人	・住民の7割が、イノシシの被害対策をしようと考える ・住民の半分が、イノシシ被害を防ぐための方法を知っていると答える ・住民の4割が、県によるイノシシ問題の対処方法の説明を十分に受けたと考えるようになる ・イノシシ被害対策に関する知識問題の正解率が70%になる	・住民の9割が、野生動物による被害を防ぐための対策をするようになる ・地区の住民が、他地域の住民と比較して高い対策率、意識、知識を持つ	・住民が自主的に被害対策を実施することで、野生動物が出没しにくい集落環境ができる ・野生動物の出没や被害が減少する

状況:野生動物の出没・被害の増加／地区における高齢化・過疎化
仮説:講習会や集落点検を実施することで、住民の意識、知識、対策意図が向上する。
住民が対策を積極的に実施することで、野生動物が出没しにくい集落環境ができる。

出所:桜井良・松田奈帆子・丸山哲也・髙橋安則. 2012. 栃木市大柿における獣害対策モデル地区事業の事前評価－ロジックモデルの作成と応用－. 野生鳥獣研究紀要 38: 22-28.

（3）最終授業の後（7月下旬）

に合計3回行った。時系列で考えると、最初のアンケートを事前評価、第二回アンケートを中間評価、第三回アンケートを事後評価ととらえることができる。結果は表5.1.で示した通りで、受講生のどのスキルが、どのタイミングで向上するのか（あるいは、しないのか）が明確に分かる。例えば授業のメインテーマであった「政策科学とは何かよく知っている」かについては、事前アンケートの結果は7段階評価で平均3.03（回答3「あまり思わない」に近い値）、途中アンケートの結果が4.14（回答4「どちらともいえない」に近い値）、そして事後アンケートでは5.03（回答5「少し思う」に近い値）と増加している。授業を通して徐々に「政策科学」に対する理解が深まったことが分かる。統計解析の結果、この項目は事前、途中、事後とそれぞれ有意に（偶然ではなく意味のある）増加をしていることも分かった（「統計的に有意」の意味については本書第8章で説明する）。

　一方、統計解析の結果、特定のタイミングでのみ変化が起こった項目があることも分かった。例えば「自分の主張をしっかりとレポートにまとめる自信がある」は学期の前半に有意に向上していた（事前3.34⇒途中4.14）。途中から事後（4.72）にかけても数値は上昇しているが、解析の結果、有意な変化は認められなかった。同様に「グループワークやディスカッションで自分の意見を言うことができる」は学期の後半で有意な増加をしていることが分かった（途中4.86⇒事後5.10）。「これからの大学での学生生活に不安を感じている」は、途中で大きく減少し、学期の後半には変化しないこと、

表5.1.
学生（29名）に対する事前・途中・事後アンケートの結果（同じ上付き文字が記されている平均値は、有意な差［p<0.05］が見られなかったもの。例えば「プレゼンテーションとはどのようなものか知っている」という項目については、事前アンケートと途中アンケートの結果に、さらに途中アンケートと事後アンケートの結果には有意な差がなかったが、事前アンケートと事後アンケートの結果には有意な差が確認された）。

項目	平均値 / 標準偏差		
	事前	途中	事後
政策科学とは何かよく知っている	**3.03** / 1.35	**4.14** / 1.13	**5.03** / 0.98
グループワークやディスカッションとはどのようなものか知っている	**4.10** / 1.47	**5.21**[a] / 0.77	**5.45**[a] / 0.74
グループワークやディスカッションで自分の意見を言うことができる	**4.21**[a] / 1.35	**4.86**[a] / 1.27	**5.10** / 1.21
レポート・論文とはどのようなものか知っている	**3.66** / 1.59	**4.55**[a] / 0.99	**5.21**[a] / 0.73
自分の主張をしっかりとレポートにまとめる自信がある	**3.34** / 1.01	**4.14**[a] / 1.22	**4.72**[a] / 0.92
プレゼンテーションとはどのようなものか知っている	**4.07**[a] / 1.44	**4.72**[ab] / 1.00	**5.34**[b] / 0.77
人前でしっかりとプレゼンテーションをする自信がある	**3.45**[a] / 1.45	**3.72**[ab] / 1.44	**4.59**[b] / 1.38
これからの大学での学生生活に不安を感じている	**5.38** / 1.42	**3.66**[a] / 1.40	**3.83**[a] / 1.36
これからの大学での学生生活にわくわくしている	**5.76**[a] / 0.95	**5.79**[a] / 0.98	**5.90**[a] / 1.05
これから政策科学部で学びたいことがはっきりしている	**3.93**[a] / 1.73	**4.10**[a] / 1.45	**4.62**[a] / 1.27

出所：桜井良. 2017. 初年次必修科目の教育効果測定 − 政策科学部の学生は基礎演習で何を学ぶのか? 立命館高等教育研究 17: 151-164.

一方で、「これから政策科学部で学びたいことがはっきりしている」は、数値は増加しているものの、統計的には有意な差が見られないことも分かった。

　表5.1.に示された結果は、この授業を担当していた教員（著者）の感覚と一致する。受講生の特定のスキルが向上するタイミングが、その時に教えていた授業内容と重なっているからだ。学期の前半でレポートの書き方やグループワークの意義を学生に伝えたため、これらの項目が学期の序盤に増加することは理にかなっている。グループワークやディスカッションは学期を通して行ったが、学期後半になると受講生がグループワークをすることに慣れてきて、自信を持って参加しているように見えた。そのため「グループワークやディスカッションで自分の意見を言うことができる」という項目が学期の後半に有意に増加したことも納得できる。

　一方でレポートや論文の書き方は学期を通して教えていた内容で、学期の終盤にも教員はレポートの添削をして、学生もそれを踏まえた修正をしていた。そのため、授業を担当していた教員としては、受講生のレポートを書くことへの自信は学期後半にも有意に向上することを期待していた。また、同授業のゴールの一つが、授業を通して受講生が今後、学部で学びたいことを明確にすることであったが、この項目は学期を通して数値は増加していたものの、有意な増加とはならなかった。これらの結果は、授業の今後の改善点について、具体的には学期の終盤でも学生のレポートを書くことへの自信が増加するような、そして授業を通して学生が今後大学で学びを深めたいことが明確になるような工夫が必要であることを担当教員に

気づかせてくれるものである。単純な事前・途中・事後アンケートを行うだけでも、プログラム運営者（教員）にとっては時には成果が確認できる点について、また時には成果が見られない反省すべき点について、貴重な情報を提供してくれる。

●参考文献 ……………………………………………………………………………………………

1) Ernst, J. A., Monroe, M. C., & Simmons, B. 2009. "Evaluating Your Environmental Education Programs: A Workbook for Practitioners". North American Association for Environmental Education. Washington, D.C.
2) 桜井良・松田奈帆子・丸山哲也・高橋安則. 2012. 栃木市大柿における獣害対策モデル地区事業の事前評価－ロジックモデルの作成と応用－. 野生鳥獣研究紀要 38: 22-28.
3) 桜井良. 2017. 初年次必修科目の教育効果測定－政策科学部の学生は基礎演習で何を学ぶのか? 立命館高等教育研究 17: 151-164.

第6章

セオリー評価、プロセス評価、インパクト評価で効果を明らかにする

本書は「環境教育プログラム」の評価方法について解説しているが、様々な事業や取り組みの評価そのものを研究対象とする学術分野が存在する。評価研究者が集う学会として例えば日本評価学会があり、中央政府、地方自治体、企業、NPOなど様々な組織における評価事例が蓄積されている。環境教育プログラムの評価を考える際に、そういった評価研究者が日々使用している手法や評価理念が大いに役立つ。政策評価手法について分かりやすく解説していて、本章を執筆するうえで参考にしている書籍として城西大学の龍慶昭教授及び立教大学の佐々木亮先生が執筆した『「政策評価」の理論と技法』[1]があるが、同書には環境教育プログラムの評価にそのまま使えるアプローチ方法が多数紹介されている。同書によれば、政策とは「ある社会状況を改善するために、ひとつのあるいはいくつかの目的に向けて組織された諸資源及び行動」であり、評価とは「目的、目標、介入理論、実施過程、結果、成果、効率性を明らかにするための体系的な社会調査活動」である。環境教育プログラムも「ある社会状況を改善するための行動」ととらえることができ、その評価が「目標や成果を明らかにすること」と考えると、政策評価の考え方は環境教育プログラムの評価とも親和性が高そうだ。本章では政策評価で使われるセオリー評価、プロセス評価、インパクト評価を紹介し、それらが実際の環境教育プログラムの評価にどのように応用できるのかを考えてみる。

　まず**セオリー評価**である。ここでいうところのセオリーとは、最初の資源投入から最後の受益者に起こる効果までの道筋、つまり原因と結果の連鎖を表す[1]。つまりセオリー評価とは、そのプログラ

ムが目指している目標は達成できるものなのか、その理論的整合性を評価するもので、「このプログラムを実行すれば何らかの目標が達成できる」というセオリーの正しさを、根拠を示しながら明らかにするものだ。セオリー評価の具体的な方法として、例えば既存資料の収集と分析があり、学校で新たに環境教育プログラムを行う場合、その学校における生徒の特徴（例：他校の生徒と比較した際の、当該学校の生徒の学力レベル）などの情報を収集・分析することが、実施するプログラムに内包できる教育内容や、目標の目安などを考えるうえで重要になってくる。また関係者に聞き取りをすることでも、その学校で今後どのようなプログラムを行うべきかを考えるうえで有益な情報を得ることができるだろう。

　すでに実施されている特定の教育プログラムについてセオリー評価をする場合は、そのプログラムを行っている担当教員に目的、教育内容、実施時間などを聞いたらよいだろう。またそのプログラムが学校のカリキュラムの中にどのように位置づけられているのか、学校におけるそのプログラムの意味など、全体像に関しては、学校の教育主任や校長・副校長に聞き取りをするのも効果がありそうだ。実際にプログラムを観察することも大事だ。人から聞いた話だけでなく、実際に評価者もプログラムに参加し、その様子を見ることで、生徒がどのような表情で授業を受けているかなどが分かる。そしてセオリー評価として行われる様々な調査・情報収集活動の成果物がロジックモデルになる[1]。本書第3章で紹介、説明した「あのロジックモデル」である。プログラムを行うために投入されている資源（インプット）、活動内容、期待される結果、そして短期・中期・長

期目標（アウトカム）をロジックモデルにまとめることで、その理論（セオリー）に問題がないかを評価することができる。ロジックモデルは評価者が関係者（教員、プログラム担当者など）と協働で議論しながら作成するのが理想で、定期的にミーティングをしながら必要に応じてロジックモデルに修正を加えていくのがよいとされている。なお、政策評価に関する教科書[1]で示されているロジックモデルは個々の活動や結果に影響を与える内部要因（例：プログラムの費用設定）や外部要因（例：天気、活動場所への距離）などが詳細に描かれており、本書第3章で示したモデルよりも情報量が多い。必要に応じて同書[1]を参照されたい。

　次に**プロセス評価**だ。その名の通り、プログラムのプロセスが計画通り進んでいるかを量と質の両面から評価する。例えば、すでに実施中の環境教育プログラムについて、計画していた通りの頻度で活動ができているか、期待していた数の参加者が集まっているかなどを評価する。実際、著者も大学の教員として日々学生に授業（プログラム）を行っているが、様々な要因によって当初の計画通りにプログラムが進まないことがある。例えば、屋外で実施予定だった活動が天候によって屋内の活動に変更になったり、新型コロナウイルスの感染拡大に伴い当初予定していた対面のプログラムがオンラインに変更になったりしたこともあった。政策評価に関する教科書[1]によれば、実施上のよく起こる失敗として、

　（1）不完全な実施：当初想定された量・質のプログラムが提供できない

　（2）間違った実施：当初予定していた内容と違う内容のプログラ

ムが行われる

（3）標準化されていない実施：その時々、また場所ごとにばらばらのプログラムが行われる

の3種類がある。プログラムの評価は、作成したロジックモデルをもとに行うのが効果的だ。例えば、ロジックモデルに活動の実施回数、期待している参加者数などが示されていれば、実際に行われた活動の回数や実際の参加者数を記録していくこともプロセス評価となる。学校で行われているプログラムなら何人の生徒が当日参加し、一方で何人が欠席していたのか、住民を対象としたプログラムであれば、対象人口（例：市の18歳以上の人口）に対して実際に活動に参加した人の割合などを記録することも重要だ。このように、プログラムの成果に関する指標を記録し続ける作業（モニタリング）もプロセス評価の一部となる。例えば、人々のリサイクル行動を促すことを目標としている環境教育プログラムのプロセス評価として、日々の人々のリサイクル行動の有無を記録していくことも重要だ。なおこのリサイクルの有無を踏まえて、その成果自体に判断を加えることは、この後に紹介するインパクト評価となる。

インパクト評価では、そのプログラムを実施したことによる社会や個人の変化の有無について、さらに変化があった場合はその程度について明らかにする。通常、あるプログラムを行う際には、実務者は何らかの問題の改善やプログラム実施に伴う社会的変化を目指していることが多い。インパクト評価は一般的にプログラムが実施されたグループとされなかったグループについて、特定の指標に関する差を検定することで行われる。具体的には二つの対象地域（ま

たは異なるグループ）を比較する場合と、一つのグループ（対象地域のプログラムの実施前後）を比較する場合と二種類がある。理論的には、あるプログラムが行われることで、そのグループには、何らかの変化＝総効果（プログラムが実施されたグループに起こる総量としての変化）が表れると予測できる。この変化から、プログラムが行われなかったグループに表れた変化を差し引くことで、プログラムによる純粋な効果、つまり純効果（またはそれに近い値）が把握できる。では調査するグループをどのように特定し、検証をしたらよいのか。政策評価の教科書[1]では12種類のインパクト評価の手法を紹介しているが、本書では環境教育プログラムの評価に応用できそうな4つの手法を説明する。これら4つは、比較できるグループが存在する場合と存在しない場合に分けられる。まずプログラムを実施したグループと実施しなかったグループの両方が存在する場合である。

　最初に紹介するのは、難易度が極めて高いとされる**ランダム実験モデル**だ（図6.1.）。特徴はプログラムを実施する対象者／グループと実施しない対象者／グループをランダムに、つまり無作為に抽出するところにある。例えばある地域に住んでいる住民の名簿を用意し、記載されている住民を上から順番にコインを投げて表が出たらプログラム実施グループに、裏が出たら実施しない（比較）グループに入れていく。こうすると、理論的には性別、職業、過去の自然体験の有無など、あらゆる要素の影響を受けていない、別の言い方をすればあらゆる要素において均等に分かれた二つのグループができるはずだ。そしてこの二つのグループについて一方はプログラム

図6.1. ランダム実験モデル

出所：龍慶昭・佐々木亮. 2009.『「政策評価」の理論と技法』多賀出版. 東京都. p52をもとに著者作成

を実施し、もう一方は実施せず、プログラム後の差（例：環境に対する知識）を比較すれば、純効果（またはそれに近い値）が得られる。

　しかし、一般的に社会で行う事業において対象者をランダムに選ぶことは難しい。先の例で言えば、まずその地域や町の全ての住民の氏名が記載された名簿を手に入れることが難しいだろう。そのような名簿の例として住民基本台帳があるが、最近では多くの市町村においてこれらの名簿は一般公開されていない。そして無作為で人を選ぶとなると、プログラムを受けたくない人に強制的にプログラムを受けてもらったり、本当は受けたかった人が（ランダムに決まるため）プログラムを受けられなくなるなど、様々な倫理的問題も発生する。学校で行う環境教育を考えても、同じ学校・学年の生徒に対して、例えば1組と2組は環境教育プログラムを行い、3組、4組は行わないとすることは、同じカリキュラムのもと授業が行われ

ている通常の学校において難しいだろう。ではなぜこのランダム実験モデルを最初に紹介したのか。それは、ランダム実験がインパクト評価をするうえで一つの理想の手法であるからだ。そしてランダム実験モデルの考え方やプロセスと比較することで、自身が行う評価にどのような課題・限界があるのかが明確になる。この後、3種類の手法を紹介するが、ランダム実験モデルと比較しながら、その意義や限界を説明したい。

　次に紹介するのは**マッチングモデル**だ（図6.2.）。ここではプログラムを実施するグループとなるべく近い特徴を有するグループを自ら手作業で特定する。例えば、ある中学校の2年生が特定の環境教育プログラムを受けたとする。比較グループとして、近隣にある同じ規模の中学校の2年生を対象として、プログラムの実施後の二つの中学校の2年生において、調べたい項目の値を比較する。この時に、事前に二つの中学校の2年生の環境への知識や意識、自然体験の程度、その他できる限りの指標を調べ、両校の生徒がこれらの指標において有意な差がないことを明らかにしたうえで、事後に再度調査をすればプログラムの効果が明らかになる。しかし、比較グループの中学校においても、実験群の中学校で環境教育プログラムが行われた期間に、環境教育ではないものの例えば社会科の授業などで公害について学んでいて、環境に対する知識が増していたり、意識が高まっていたりする可能性もある。比較グループの生徒の日々の生活ぶりや学んでいること、経験していることも同時にモニタリングしない限り、最終的に何が生徒の事後の意識に影響を与えたかは分からない。学校の授業として環境教育を受けなかったとしても、

図6.2. マッチングモデル

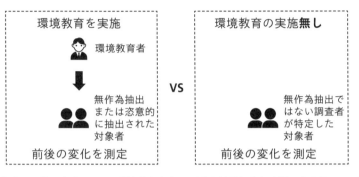

出所：龍慶昭・佐々木亮. 2009. 『「政策評価」の理論と技法』多賀出版. 東京都. p62をもとに著者作成

生徒は日々メディア（テレビ、インターネットなど）から多くの環境に関する情報を得ている可能性がある。やはりランダム・無作為に抽出されたグループでない限り、手作業で選んだ比較グループにおいても時間が経てば何らかの変化が起きていると考えるのが自然だろう。

　またマッチングする特定のグループがない場合、例えば全国平均値などと比較することも可能だ。これは**一般指標モデル**（図6.3.）といわれる。環境教育を実施したグループの環境への知識や意識と、例えば全国の、またはその中学校のある自治体の生徒の平均的な環境への知識や意識とを比較するという方法だ。これにより、特定の環境教育を実施した中学校（グループ）が、全国平均と比較し、環境意識がもともと、どの程度高かったのか（あるいは低かったのか）、そしてそれがプログラムを受ける前後でどのように変化したのかが明らかになる。

図6.3. 一般指標モデル

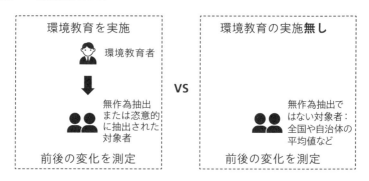

出所：龍慶昭・佐々木亮. 2009.『「政策評価」の理論と技法』多賀出版. 東京都. p76をもとに著者作成

　しかし、そもそも厳密な意味での比較可能なグループというものが存在するだろうか。例えば国が行う全地域対象のプログラムであれば、プログラムを実施しない比較グループが存在しないこともある[1]。観光地や自然が豊かな地域で行われるエコツアーであれば一般的にその場所やテーマに関心がある人が自ら申し込み、参加するものなので、すでに自然保護に対する意識も高く、自然に対する多くの知識を持っている人が参加することが多い。自然体験やエコツアーに参加するある意味で特殊な人々と比較可能な、つまり同じような興味関心や知識を持ち合わせ、なおかつツアーに参加していないグループは存在するのだろうか。またたとえ存在したとして、評価に取り組みたい実務者がわざわざそのような比較グループを見つけ出し、その人々に比較のためだけの調査をすることはどのくらい現実的なことだろうか。そこで、次は比較グループを必要としない、実施グループのみを対象とする評価方法を二つ紹介する。

一つ目は**時系列モデル**で、特定の効果指標値についてプログラム実施前と実施後の長期にわたって比較する方法だ。「長期にわたって」という点がポイントで、プログラムを実施する前の一定期間と実施後の一定期間を比較することで、その変化量を数量的に評価できるとしている。これを単純化したものが**シンプル事前事後モデル**（図6.4.）である。プログラム実施前と実施後のそれぞれ一時点での指標値を比較し、その差をプログラムによる効果とする。日本環境教育学会が発行する学会誌『環境教育』に掲載されているプログラム評価に関する研究も、このシンプル事前事後モデルによるものが多く、プログラム実施に労力と時間を割かなければならない多くの実務者にとっては、事前事後比較調査が最も実現可能な評価方法なのかもしれない。しかし、シンプルゆえに信頼性もあまり高くないとも言われている。例えば子供たちに毎月、一年間にわたって実施した環境教育プログラムについて、このシンプル事前事後モデルから評価を行うと、そもそも子供たちは一年の間に同環境教育プログラムだけでなく、普段の学校教育や日々目にするメディアなどからたくさんのこと（環境問題も含め）を学んでいるので、プログラムとは関係なく存在するそれらの効果もまるでプログラムの効果のように見えてしまうといった課題がある。ただ、比較グループが存在しない時系列モデルやシンプル事前事後モデルであっても、プログラムの効果を考えるうえで重要なデータを提供してくれることは事実だ。政策評価に関する教科書[1]においても、時系列モデルはその他の調査方法、例えば専門家が自らの経験をもとにプログラムの効果を評価する方法（エキスパート評価）やプログラム参加者が自身

図6.4.　シンプル事前事後モデル

出所：龍慶昭・佐々木亮. 2009.『「政策評価」の理論と技法』多賀出版. 東京都. p90をもと
に著者作成

のプログラムを受ける前の意識や知識を思い出しながら行う評価
（受益者評価）よりはよほど信頼性の高い評価方法であると記述さ
れている。

　ではセオリー評価、プロセス評価、インパクト評価を取り入れた
研究とは具体的にどのようなものなのか。ここでは著者が大学院生
の時に指導を受けた上田剛平先生（元兵庫県但馬県民局）らの論
文[2]を紹介したい。昨今、日本全土でシカの増加や関連する農林業
被害が社会問題となっているが、同研究では、兵庫県で行われたシ
カの捕獲率の向上を目指した普及啓発事業の評価をしている。まず
セオリー評価では、行政資料を調査し、対象地域の集落における
シカの平均捕獲数を明らかにし、行われる普及啓発事業が目標とする
平均捕獲数（各集落5頭以上）を設定した。また各集落に事前アン
ケートを行い、捕獲効率が低い原因（例：労力不足）を明らかにし
た。セオリー評価の集大成としてロジックモデルが作成され、行わ

れるプログラムに関する資源投入（インプット）、内容（アウトプット）、成果目標（アウトカム）に関する因果関係が示された。そしてこれらの結果をもとに、捕獲技術に関する普及指導などを行う講習会や指導員による現地指導が行われることになった。

　次にプロセス評価では、講習会が予定通りの回数行われたことが確認された。受講した集落数は目標値（50集落）を上回る数（88集落）となった。一方でアンケート調査も行われ、参加者による講習内容の理解のしやすさや習得した知識量が測定され、おおむね参加者の理解度は高く、また捕獲の実践程度も高かったことが明らかになった。

　最後にインパクト評価である。ここでは、プログラムに参加した集落と、捕獲体制やシカの生息状況などが近似した集落（プログラム非参加集落）を比較するマッチングモデル法が使用された。それぞれの集落を比較した結果、プログラムに参加した集落の方が非参加集落よりもシカの捕獲効率が約1.5倍高く、特に捕獲実績がもともと少なかった集落ほど、このプログラムのインパクトが強く表れたことが明らかになった。

　このような体系的な評価を行うことの意義は、プログラムの効果（うまくいったこと）が明らかになるだけでなく、課題も同時に見えてくることだろう。この取り組みでも、

　（1）住民への知識の伝達は確認されたが、それが彼ら彼女らの実践に与えた影響は明らかにできなかった

　（2）プログラムを行っても依然として参加者は捕獲するうえでの苦労から解放されたわけではなかった

（3）もともと捕獲に関する知識や技術をある程度有していた集落においては、同プログラムのインパクトが小さかった

といった様々な課題や検討すべき点なども示されている。

ここで紹介した取り組み[2]は、90近い集落が参加した大規模な事業について、行政資料の調査や複数回にわたるアンケートから、その効果を質的・量的に明らかにしようとしたもので、同評価に費やされた時間や労力を考えるとなかなか真似できるものではない。一方で、セオリー評価、プロセス評価、インパクト評価からプログラムの総合的な効果を測定していくアプローチは、環境教育プログラムを評価する際には非常に参考になる。政策評価に関する教科書[1]には、これらの評価手法について丁寧に説明がされている。小規模でもよいので、できるところからセオリー評価、プロセス評価、インパクト評価をしてみたらきっと有意義な結果が得られるだろう。

COLUMN **4**

評価の理想と現実

あるプログラムの評価をするならば、そのプログラムが行われる前の状態をまず調査し、活動実施前後の比較ができればプログラムが生み出した効果がより鮮明に分かるだろう。さらに事前事後比較だけでなく、プログラムが進行している途中段階において定期的に参加者の意識や知識などを調査できれば、時間軸の中でいつどのように変化が生まれるのかが分かる。プログラムを実施するグループと実施しないグループの両方を設ける実験調査ができたらなおよい。

二つのグループを事前事後比較により調査すれば、観測された変化が本当にプログラムによるものなのかどうかが分かる。理想はそうだ。しかし実際はどうだろうか。プログラムを設計する段階から評価研究を始め、まずニーズアセスメントをして、さらにプログラム開始後には定期的かつ綿密な評価を続けることが、実際の現場でできるのだろうか。

　環境教育プログラムを実施・運営する関係者から評価に関する相談を受けることが時々ある。そして思い返せば、それらのほぼ全てが、すでにプログラムが行われている段階での相談であった。話を聞くと、すでにプログラムは始まっていて、何らかの影響や効果が出ているように見えるが、これを科学的に検証するための評価方法を知りたい、ということだったりする。今からどのような評価をしたらよいか考えあぐねている、という相談だったりする。著者も大学ではある意味で実務者として教育活動をしているため、こういったプログラム運営をしている実務者側の気持ちはよく分かる。プログラムを運営するためには、そして個々の活動を無事に執り行っていくためには、必要な資金の確保、参加者のリクルーティング、参加者の安全面の配慮など様々な点に気を配りながら準備を進める必要がある。プログラムを実施すること自体に多くの労力を割く必要があるのだ。それにプラスアルファで、評価をするための準備や調整も必要だとすると、とてもそのような余裕はないかもしれない。

　時々、学会などで、特定のプログラムを評価した内容に関する発表が行われた後に、研究者や大学の教員が「事前調査をしていないので、その効果が本当にこのプログラムによるものか判断できない。

この結論は不適切だ」とか「参加者をランダムに抽出していないので、またプログラムを実施した人々（実験群）と実施していない人々（対照群）の意識を事前事後で比較していないので、純粋なプログラムの影響は分からない」などと発言しているのを見たりする。確かにその通りだが、そのような理路整然とした研究が行えるほど現場は整っていないことが多い。実験室で行われる研究と違って、環境教育は実際の社会において生身の人間を相手に様々な不安定要素がある中で行われるのが一般的だ。屋外で行われる環境教育も多いが、その日の天気や、どのような人が何人参加するのか、といった基本的なことすら当日プログラムが始まるその瞬間まで分からないことが多い。関係者の様々な思惑がある中で実施される環境教育プログラムにおいて、「どうしても事前調査をする時間的余裕がなかった」、または「関係者の合意を得られなかった」ということはよくあることだ。ランダム実験をするためにはプログラムを行わない対照群のグループも用意する必要があるが、研究のためだけに行われる実験の対照群になりたい（プログラムが行われないグループに入りたい）と考える人（参加者）はどのくらいいるのだろうか。学会発表で「ランダム実験をするべきだ」と言っている研究者や大学の先生本人も、よくよく聞いてみると実際にランダム実験を環境教育プログラムにおいてやったことがないということが多い。現場の様々な課題を考慮せずこのような発言をしていると、実務者からすると「研究者は机上の空論ばかり言っていて現場には何の役にも立たない」と思われてしまうのではないだろうか。最終的には実務者と研究者との間の溝が深まってしまうのではないかと危惧している。

ちなみに世界中で行われてきた環境教育評価研究をレビューした論文[3]によれば、調査対象となった全86の研究のうち50（58.1%）が、参加者などに対するプログラム実施前後の意識などの変化を調べるシンプル事前事後モデルの研究であった。比較対照グループを設け、プログラムを受けた人と受けていない人とのグループ間の比較研究をした実験対照群研究の数は33（38.4%）で全体の4割に満たなかった。それらの大半は調査者が任意で参加者を選び実験したもので、無作為に実験群と対照群を設けるようなランダム実験をした事例はほとんどなかった。プログラム実施後の状態のみを調査した研究も少なからずあり（14.0%）、学術雑誌に掲載されるような論文であっても、実験群と対照群を設けた比較研究ができたものは限られていることが、さらにランダム実験はほとんど行われていないことが分かる。実社会において様々な不確定要因が存在する中、生身の人間に対して行われる環境教育プログラムの評価において、教科書で示されているような理想の評価モデルを実践することがいかに難しいかが分かる。

　結局のところ環境教育プログラムの評価をするためには、現場の様々な課題や現状を踏まえたうえで、最適な、そして最善の評価手法を選択する必要がある。すなわち、実務者も研究者も評価に携わる際には、まず様々な手法や限界があることを理解したうえで、現状と目的に最も合った評価アプローチを選択し実践したらよいだろう。例えば、すでにプログラムが終了したのであれば、または取り組みが始まってすでに何年も経過しているのであれば、事後評価だけでよいかもしれない。事後評価でも、そのプログラムの効果の一

端がよく分かり、その後のプログラム運営に大きな示唆を与える結果を得ることも可能だ。すでに活動が始まっているプログラムだったとして、もしプログラムのゴールや目標が関係者間で共有されていなかったら、あるいは明文化されていなかったら、一度立ち止まり、関係者間でプログラムのそもそもの目標について明確に定めることも評価の重要な側面だ。結局のところ、プログラム評価とはプログラムの改善を目指す終わりなき試みであり、その際に使われるべき最善の評価方法もプログラムの進行具合、関係者の気持ち、評価をする目的などによって、その都度変わっていくだろう。

●参考文献 ···

1) 龍慶昭・佐々木亮. 2009.『「政策評価」の理論と技法』. 多賀出版. 東京.
2) 上田剛平・阿部豪・坂田宏志. 2013. 餌付け罠の捕獲効率向上を目的とした事業の評価. 哺乳類科学 53(1): 31-42.
3) Stern, J. M., Powell, R. B., & Hill, D. 2014. Environmental education program evaluation in the new millennium: what do we measure and what have we learned? Environmental Education Research 20(5): 581-611.

第 7 章

評価手法：
アンケート、
インタビュー、
参与観察

第1章で、環境教育の目標として国際的に知られているベオグラード憲章を紹介した。同憲章によれば、環境教育は人々の環境問題に対する「関心」を促す、「知識」をつける、「態度」を身につける、「技能」を習得する、「評価能力」を身につける、そして環境問題の解決のための「参加」を促進することを目的としている。これを踏まえると、環境教育の評価とは特定の環境教育プログラム参加者の「関心」「知識」「態度」「技能」「評価能力」そして「参加」具合の変化を調べればよい、ということになるかもしれない。実際は、全ての環境教育プログラムがこれらの習得を目指しているわけではないので、ベオグラード憲章は環境教育の目標に関するあくまで一つの例に過ぎないが、ここではもう少しこれら6つの目的の評価の仕方について考えてみよう。

　環境問題への人々の「関心」はどのように調べたらよいだろうか。まず思い浮かぶのは実際に調査対象者に尋ねてみるということだ。アンケートやインタビューなどで、その人に環境問題への関心の有無を聞けばある程度のことが分かる。「態度」や「評価能力」も同様にアンケートやインタビューである程度分かるだろう。「知識」もアンケートやインタビューで尋ねることができるが、環境問題に関してどの程度正しく理解できているか、ということを知りたいのであれば、問題形式のテストをしてもよいかもしれない。多くの人が学校で経験したことのあるような、中間テストや学期末試験のようなものだ。最後に「技能」や「参加」については、アンケートやインタビューよりも、実際にその人の実演を観察してみたほうが確実かもしれない。アンケートで特定の「技能」について「あなたは○○

の方法を知っていますか」と尋ね、回答者が「はい」と答えたとしても、実演すると間違った方法で理解していることが判明する可能性があるからだ。行動についても、「あなたはゴミを捨てる際に分別しますか」とインタビューで尋ねると「はい」と答える人が多そうだが、実際にその人がゴミを捨てるところを観察し、適切な分別ができているかを見たほうがより正確かつ客観的な情報が得られるだろう。

　ここまで見てきて分かるように、環境教育プログラムが参加者に与えた効果を評価する際には、多くの場合はアンケート、インタビュー、そして観察をすることで、必要な情報を得ることができる。実際、環境教育プログラムの効果を検証した先行研究（環境教育に関する学術雑誌などに掲載された論文）の多くは手法としてアンケート、インタビュー、または観察を用いている。ちなみにアンケートの呼び方は研究者や論文によって、「質問紙調査」と言ったり「調査票」と言ったり多様だが、本書では基本的にアンケートと記す。インタビューのことも聞き取りと言ったりするが、本書では基本的にこれら二つの言葉は同じものを指している。アンケート、聞き取り、観察はいわゆる社会科学の調査手法であり、それぞれの手法について詳細を知りたいのであれば、社会調査法に関する教科書（いくつかを本章末に紹介した）を手に取ってもらったらよいだろう。本章では、環境教育プログラムの評価のためにこれらの手法がどのように使用できるのか、注意点などを解説する。

7.1. 調査をするうえでの倫理事項

　手法に関する個別具体的な説明に入る前に、まず調査をするうえで調査者が注意すべき倫理事項について解説する。一般的に社会調査として人を相手にアンケートなどをする際には、特定の倫理条項に従うべきと考えられている。社会調査法に関する教科書[1]によれば、それらは大まかに（1）インフォームドコンセント、（2）ハラスメントの回避、（3）コンフィデンシャリティの三つからなる。

　インフォームドコンセントとは調査者と被調査者との間でなされる十分な情報を得たうえでの合意のことである。例えば医療行為が行われる際に医師は患者に治療の内容について説明する必要があり、患者が内容を十分理解し、自らの自由意思で合意を得た場合に治療を開始することができる。社会調査においても同様で、アンケート、聞き取り、参与観察において、調査者は事前に被調査者に調査の目的、データの利用の仕方、公開の仕方について説明し、また同調査について何か質問があった際の問い合わせ先なども示し、合意を得たうえで調査することが原則だ。被調査者には調査を拒否する権利もある。アンケートであれば、表紙や冒頭にアンケートの実施目的や回答するかは自由であることなどを説明するのが一般的だ。聞き取りでもやはり最初にこれらの情報を被調査者に説明し、調査に協力してもらえる場合は、被調査者が同意書に署名をして、聞き取りが開始されることも多い。参与観察も同様だ。被調査者が何も知らない間に勝手にデータがとられ、公表されるようなことはあってはならない。事前に、その日のプログラムの参加者の様子が観察され

ていること、その目的などを被調査者に伝えておく必要がある。

　次にハラスメントの回避だが、調査者は被調査者が不快になるような質問をしていないか注意する必要がある。具体的には、アンケートや聞き取りの際に、被調査者に対して差別的、攻撃的な言葉を投げかけていないかなど、質問項目を吟味することが求められる。

　最後に、コンフィデンシャリティ（秘密保持）だ。被調査者のプライバシーを守るために、調査で得られた個人情報は厳格に管理しなければならない。調査結果を報告書や論文にまとめる際には、データは匿名化した一般的な情報として見せる必要があり、個人が特定される情報は削除して扱うべきだ。聞き取りで、例えば特定のグループに関する特定のケースについて調べたい場合、結果を示す段階で氏名を匿名にしていても、見る人が見れば個人が特定できてしまう場合もあるだろう。その場合は、そのことも含め事前に被調査者に明確に伝え、合意（インフォームドコンセント）が得られた場合のみにおいて調査を行うべきだろう。以上の三点の倫理条項は社会調査、つまり人に対して調査をする際にまず知っておかなければならない事柄である。

7.2. アンケート

　日常生活の中でアンケートを目にすることや実際に回答することは多い。例えば、レストランに行けば、接客の態度や提供した食事の味について尋ねているアンケートに回答することもあるだろう。アンケート研究の世界的権威であるワシントン州立大学のDillman

教授によれば、アンケートとは実施する側と回答する側のコミュニケーションであり、対人的相互作用と言える[2]。Dillman教授は社会心理学理論の一つである社会的交換理論を用い、アンケートを調査者と回答者との間に生じた交換の行為であり、回答者は時間や労力などのコストと引き換えに、アンケートに回答したという満足感を報酬として得ると説明している[2]。アンケートに回答してもらうために調査者は回答者が負担する時間、労力、心理のコストを最小にすることが求められ、例えばできる限り分かりやすい簡潔なアンケート及び質問項目を用意することが望まれる[3]。また回答者が調査者を信頼できるかどうかも回答意欲に影響を与える。例えば回答をすることで謝礼品がもらえたり、アンケートに調査者の名前、所属、連絡先が明記されていることも回答者から信頼を得るための重要な要素である。またアンケートでは添え状、表紙、または冒頭などにおいて、アンケートを実施する目的、回答者がどのように選ばれたのか、なぜ本アンケートに回答する必要があるのかなどを明記する必要がある。これは先のインフォームドコンセントで解説した通りだ。アンケートの意義を伝えるために、冒頭の説明では回答者による回答がプログラムの向上のために重要であること、したがってこのアンケートが、回答者が時間と手間をかけて答えるに値するものであることなども説明したらよいだろう。参考に著者が大学院生の時に実施したアンケートの添え状（図7.1.）を示す。

　以上は社会調査としてアンケートを実施する際の基本的な注意点であったが、ここからは環境教育プログラムの評価のためのアンケートを作成する際のいくつかのポイントを考えみよう。まずアンケ

図7.1.
著者が修士課程の大学院生の時に長野県のとある村で行った住民意識調査の添え状。実際のアンケートを郵送する数日前にこの添え状を配布した。問い合わせ先は当時研究のために住んでいたアパートの住所及び調査に協力いただいた村役場を記載している。

20〜〜年〜月〜日

桜井良
フロリダ大学大学院自然資源・環境学部　修士課程

〜〜村の皆様へ

初夏の候、皆様におかれましてはますますご清祥のこととお喜び申し上げます。
私はアメリカのフロリダ大学大学院修士課程の桜井良と申します。
この度、人々のクマに対する意識を正しく理解するために、〜〜村役場と連携しアンケート調査を実施させて頂くことになりました。
これから数日後に、フロリダ大学によって実施されている重要な研究のための簡単なアンケート票が貴方様のご自宅に郵送されます。貴方様のお名前は〜〜村にお住まいの方の中から電話帳を用いて無作為に選ばせて頂きました。この研究の成功のためには貴方様のご協力が不可欠であり、貴方様のご回答が住民の方のクマに対する意識、そしてこの動物がいかに管理されるべきかを理解するために、大変貴重な情報となります。

今回はアンケートに先駆けて、事前通知としてこのような手紙をお送りさせて頂きました。
貴方様の尊いご協力によってのみ私たちの調査は成功することができ、幅広く住民の皆様のご意見をお聞きするためにも、お手数をおかけして恐縮ですが、ご協力くださいますよう、何卒よろしくお願い申し上げます。

フロリダ大学大学院生　桜井良
フロリダ大学担当教授　スーザン・ジャコブソン

問い合わせ先：長野県松本市〇〇、〇号室
TEL 080-〇〇 - 〇〇
〇村役場観光振興課農林係
TEL 0261-〇〇-〇〇

ートでは具体的にどのような質問をどのくらい入れたらよいのだろうか。アンケートで何を聞くかは、評価を行う目的によって変わってくる。例えば運営者が参加者のプログラムを受講した感想を知りたいということであれば、その通りに「本日のプログラムに参加してみてどのような感想を持ちましたか」という自由回答形式の質問がよいかもしれない。具体的にプログラムの良かった点や改善点などを聞きたいということであれば、「本日のプログラムの良かった点をお聞かせください」「本日のプログラムの改善点をお聞かせください」などの質問が考えられる。これらの質問に対して得られる回答、つまり参加者の感想（例：「楽しかった」「疲れた」）などは、定性的、あるいは質的データと言われる。

　参加者全体におけるプログラム満足度を知りたいのであれば、「はい」「いいえ」の二択で答えてもらってもよい。「あなたは本日のプログラムに満足しましたか」という質問に対して80％が「はい」と答えたのであれば、「参加者の80％が本プログラムに満足した」と数量的に解釈できる。これに加え回答者それぞれに「はい」または「いいえ」と答えた理由を尋ねれば、数量的・質的両方のデータが得られる。

　アンケートで何をどのように聞くかは、プログラムの評価者が何を明らかにしたいかにより変わってくると述べたが、もしプログラム運営者が参加者一人一人の多様な意見を知りたいということであれば、質問は基本的に自由回答とすることで「〜が楽しかった」「〜に満足している」「〜に驚いた」など様々な感想が寄せられるかもしれない。一方で、多様な感想を知ることよりも、シンプルに参

加者の何割がプログラムに満足したのかを知りたいということもあるだろう。そうであれば自由回答ではなく「はい」「いいえ」の二択で回答してもらう質問項目を設けたらよい。評価者・運営者がどのような結果を得たいかによって、質問の聞き方や回答形式を決めたらよいだろう。

　もしプログラムを通して参加者に学んでほしかった特定の事柄があったなら、その知識の獲得の有無を問う質問をすべきだろう。「○○について理解が深まりましたか」と聞いてもよいし、例えば関連する記述に○×で回答するようなテストをプログラムの前後に行えば、プログラムを経て参加者の正解率がどのように変化するか、つまり知識の伝達という意味でのプログラム効果が分かるだろう。プログラムが目指していたゴールが参加者の知識の変化ではなく、特定の自然や動物に親しんでもらうことであったならば、本書の第4章に登場した「自然とのつながり尺度」を用いてもよいだろう。「私は○○の自然を身近に感じる」といった質問について、5段階評価（1＝当てはまらない、2＝あまり当てはまらない、3＝どちらともいえない、4＝少し思う、5＝そう思う）で回答してもらえば、プログラム前後の意識の変化を数量的に把握できる。先に述べた「本日のプログラムに満足しましたか」という質問も、「はい」「いいえ」だけでなく5段階評価の回答形式を用いれば、参加者が感じた満足具合の強弱が分かる。「はい」「いいえ」の二択だと、プログラムに「大変満足した」人も「少しだけ満足した」人も同じ「はい」に分類されてしまうし、「どちらとも言えない」人は強制的に「はい」「いいえ」のどちらかを選ばせられてしまう。5段階評価であれば回答

者の意識の差がグラデーションで分かり、これをより詳細に知りたければ7段階評価（1 = 大変不満である、2 = 不満である、3 = 少し不満である、4 = どちらとも言えない、5 = 少し満足である、6 = 満足である、7 = 大変満足である）の回答形式で聞いてみてもよいだろう。

　表7.1.は、世界中で行われてきた環境教育評価研究の特徴を調べ、最もよく調査されてきた要素を示したものだ[4]。ほとんどの評価研究が参加者の知識の変化を測定していること、また過半数が態度の変化を調査していることが分かる。レビューされた86の研究の過半数（66.3％）が量的調査手法を用いており、アンケートなどを用い結果を数値で表していた（例：「80％の参加者がプログラムに満足した」）。一方で同等の数の研究（62.8％）が聞き取り調査などによる質的調査法を用いていた。半分弱の研究（40.7％）が量的及び質的調査を用いる混合法を使っていた。第1章で紹介した環境教育の目標（例：ベオグラード憲章）にある通り、環境教育のゴールは単純に知識をつけたり、特定の態度（例：自然を守ることは良いことだ）を育むだけでなく、環境問題の解決のための参加、つまり環境配慮行動の促進も重要である。しかし、行動を実際に測定した研究が知識を測定した研究の4分の1程度しか存在しないことは、人々の行動をアンケートや聞き取りで検証することの難しさ、一方で知識をアンケートで測ることが比較的容易であることを示していると推察できる。

　では、アンケートで参加者に聞きたいことがたくさんある場合、具体的にどのくらいの質問項目をアンケートに入れたらよいのだろ

表7.1. 世界中の環境教育評価研究で主に調査されてきた項目：
レビューされた全86のプログラムにおける内訳

研究で調べられた要素	研究で測定された数	全体の中の割合
知識	76	88.4%
態度	54	62.8%
スキル	25	29.1%
行動意図	23	26.7%
楽しさ	21	24.4%
行動	19	22.1%
意識	17	19.8%

出所：Stern, J. M., Powell, R. B., & Hill, D. 2014. Environmental education program evaluation in the new millennium: what do we measure and what have we learned? Environmental Education Research 20（5）：581-611. をもとに著者作成

うか。質問数がたくさんあるような長いアンケートは、回答するにもそれなりの時間がかかり、回答者の負担も大きくなる。しかし評価する側からすれば、プログラムの効果について詳細に測定するためには、多くの質問項目を用意する必要があるかもしれない。評価者及びプログラム運営者として聞きたい最低限の項目をしっかりアンケートに盛り込みながら、同時に回答者の負担が少しでも減るように工夫することが求められる。

　「回答者の負担を少なくするためにアンケートはできるだけ短く簡単なものにするべき」とよく言われているが、極端な話、アンケートでは「本プログラムの感想をお聞かせください」という一項目を聞くだけでも十分参加者の意見を把握できる。しかしそれだけでは、運営者が求めていた知識やスキルを参加者がどの程度身につけ

たのか、そしてプログラムのどのような要素が参加者の満足度（または不満度）に影響を与えたのかなどを明らかにできない。プログラムの効果について詳細を知りたいのであれば、一歩踏み込んだ分析をする必要があるし、そうすると必然的に質問項目も多くなってくる。運営者が参加者に伝えたかった事柄（知識）があり、それらを参加者が理解したかを明らかにしたいのであれば、それぞれの知識を問う質問を設けるべきであろう。プログラムの効果として参加者の自然とのつながりや愛着が変化することを期待していたのであれば、第4章で紹介したような項目群を用意したらよいし、そもそもどのような人がプログラムに参加しているのかを知るためには属性（性別、年齢、居住地など）についても把握しておきたい。これらを全て網羅することで、例えば「プログラム後に若者の参加者の方が年配の参加者に比べてより自然とのつながりを感じるようになった」など、項目（変数）間の関係性について分析ができるかもしれない（分析については、この後の第8章で解説する）。

　確かに回答者にとってはアンケートはできる限り短い方がよいが、本章で紹介したアンケート調査の専門家であるDillman教授は、回答者が「そのアンケートに答えることが重要であること」「回答内容が今後のプログラム改善のために使われること」などを理解できれば、項目数が多少多いアンケートであってもたいてい最後までしっかりと回答してくれるものだと述べている[2]。だからこそアンケート設計者としては、アンケート冒頭の説明文において、調査の目的や背景、結果の使われ方などを的確に伝え、回答者からの信頼を得ることが重要になってくる。実際アメリカでは、調査票が10ページ

以上にわたるような、普段我々がよく目にするアンケートとは比べものにならないくらい長いアンケートもよく行われているが、そのアンケートの意義を回答者に伝え、また分かりやすく読みやすい質問文にするなどの工夫を加えることで高い回答率を達成してきた。Dillman教授が紹介しているアンケート票の長さと回答率を比較した事例によれば、4ページのアンケートと12ページに及ぶアンケートではそれぞれ回答率が75.6％と75.0％で実質ほとんど差が出なかった[2]。同様に、28ページのアンケートでは67.2％の回答率が達成でき、44ページに及ぶ膨大なアンケート票を用いた調査でも回答率は62.2％と高かった。これらの事例も踏まえ、Dillman教授はアンケートの回答率には必ずしも質問項目の数や調査票の分量だけが影響を与えているのではなく、回答者のアンケートに答えようとする意欲を促進させる工夫を施すことが重要だと結論付けている[2]。

　44ページに及ぶアンケートはさすがに見たことはないが、筆者もこれまで100問近くの質問項目があるアンケートを、または回答に40分程度かかるようなアンケートを実施したことがある。ある環境教育プログラムの評価のために行ったアンケートであったが、共同研究者であったプログラム運営者の方から「活動の詳細な評価をしたい」という要望もあり、協働で質問項目を一つ一つ作成した。結果、かなり分量の多いアンケートとなった。回答者の負担は大きかったと思うが、アンケートの意義を理解してくれたからこそ、回答者はたくさんの項目に最後まで真剣に答えてくれた。そのおかげでアンケートの結果、プログラムの効果に関する多角的な情報が得られ、何が参加者の環境保全意欲の向上に影響を与えたかなど詳細な

分析を実施することができ、その後のプログラム改善に向けた提言をすることができた。

　項目数が多くなった場合は、まずは優先順位をつけて、最も聞きたい項目や、一方で削除しても構わない項目を明らかにするとよいだろう。そしてアンケートの草案が一度完成したら、パイロットテストとして、何人かにアンケートに回答してもらい、質問項目を全て理解できたか、項目数が多すぎなかったか、回答をするうえで負担を感じたかなどを聞いてみるとよいだろう。このパイロットテストの対象者は、プログラムの参加者に近い属性の人、つまり40〜50代を対象としたプログラムであればパイロットテストも同じくらいの世代の人にアンケートに答えてもらい、そのフィードバックをもとにアンケートの最終版を完成させたらよいだろう。

7.3. インタビュー

　アンケートでは、項目とともに回答形式も決まっているため、良くも悪くも画一的な結果が得られる。例えばもし「本プログラムを楽しめましたか」を「はい」「いいえ」の二択で聞けば、参加者の8割が「はい」と回答したという情報しか得られない。対面のインタビューであれば、質問に対する回答内容だけでなく、回答者の表情や口調など回答に付随する様々な情報が得られる。例えば笑顔で「楽しかった」と答えた回答者と、しばらく悩んだ末にしぶしぶ「楽しかった」と答えた回答者では同じ「楽しい」であっても意味合いが異なることが質問者には分かるだろう。インタビューは大きく分

けて構造化インタビューと半構造化インタビューの二種類がある。構造化インタビューは事前に用意された質問項目を順番通りに聞いていくやり方で、調査者が聞きたい内容を効率よく聞ける方法だ。インタビューでは回答者の話が本来のテーマから脱線する、つまり調査者が聞きたかったことと直接関係しないことを回答者が話すことが時々ある。構造化インタビューであれば、順番通りに質問してゆき、また事前に伝えてある時間内に終わるように全ての質問を聞いていくことが求められるので、話が脱線したら調査者は多少強引にでも本来のテーマに話を戻す必要があるだろう。しかし脱線した話の中に調査者が考えもしなかったような新たな発見が見つかることもあり、また一見本来のテーマと関係なさそうな話も、全ての語りを踏まえ総合的に考察すると実は関連していたことが分かる場合もある。

　もう一つのインタビュー手法である半構造化インタビューは、事前にある程度質問項目を用意しながらも、回答者の話す内容や様子を見ながら、質問項目や聞く順番も適宜変えていくことができる、より柔軟性の高い方法だ。例えば、あるプログラムを受けた感想として回答者が「楽しかった」と答えた際に、何が楽しかったのか、何が良かったのか、何が期待外れだったのかなど、その場の判断で臨機応変により詳しく質問ができるのがこの手法の特徴だ。調査者が重要だと思った点について深掘りできるのが半構造化インタビューの良さだろう。プログラムのゴールとして参加者の「○○の知識」の向上や「○○の意識」の深化など、すでに明確な目標（または仮説）があれば、それに沿ったアンケートを作成し実施すれば、得た

い結果が得られるかもしれない。ただ、活動をしたことでどんな変化が参加者に起こるのかが、プログラムの運営者本人さえ分からないこともある。主催者側が想像もしなかったような効果が参加者に表れていたり、主催者が考えもしなかったプログラムの効用に参加者が気づいていることもある。インタビューで参加者にプログラムを受けた感想や気づいた点について聞き、さらにそれらを深掘りする追加の質問ができれば、新たな発見が得られるかもしれない。実際、著者が実施した、ある中学校における海洋学習の評価では、生徒への半構造化インタビューから、プログラムを受けた感想として多くの生徒が「漁師に感謝を抱くようになった」と話しており驚いたことがある。同中学校の教員も評価研究をした著者もプログラムの効果として生徒は「海に対する理解が深まった」「海を保全しようと思うようになった」などと口にするだろうと考えていたが（実際にそれらを口にする生徒も多かったが）、「日頃魚を獲って食材を提供してくれる漁師に感謝の気持ちがわいた」という答えが多かったことは予想外だったからだ。質問項目も答え方（「はい」「いいえ」など）もあらかじめ決まっているアンケートだけでは分からなかった新たな発見が、半構造化インタビューから得られたのだ。

　また参加者が極端に少なかった場合は、総じてアンケートよりもインタビューの方が適しているかもしれない。例えば、プログラムの参加者が3人しかいなかった場合、アンケートをして「3人中2人が満足した」といった結果を得るよりも、3人それぞれにインタビューをして各々がプログラムに対して何を感じたのかを自由に話してもらう方がより豊富な情報が得られそうだ。一方で、プログラム

の参加者が多い場合、アンケートであれば例えばプログラム後に調査票を配布すれば、一斉に数百人の結果を得ることができる。インタビューで参加者の意識や考え方を丁寧に把握しようとすると、一人のインタビュアーが同時に調査（聞き取り）できる参加者は一人（またはせいぜい数人）だろう。参加者に、自由に好きなだけ感想や考えを話してもらおうとすると、一人からたくさんの情報を得られるが、時間もかかる。著者がこれまで行ってきたインタビューも、じっくり回答者の考えを聞き取ろうとすると最低でも数時間はかかることが多かった。つまりアンケートと比較して、実施する際の時間や労力が大きいこともインタビューの特徴と言えるだろう。

　アンケートを行うべきか、インタビューを行うべきかの決断は、その評価の目的とともに、調査にかけられる時間や労力なども考慮して総合的に判断するのが現実的だ。そしてインタビューでどのくらいの質問を用意すべきかについては、すでに述べたアンケートの調査票の作り方と同様、評価で明らかにしたいことや仮説をもとに重要な項目から優先順位をあらかじめ決めておき、インタビューの時間（インタビュー協力者［回答者］から与えられた時間）から逆算して、重要な項目を中心に時間内に聞き終えられるよう質問の順番などを事前に考えておくとよいだろう。アンケートと異なる点と言えば、インタビューでは回答者の表情や反応を逐一確認しながら質問をできることだ。回答者の貴重な時間を使っていることを考慮し、相手に十分な配慮をしながら聞き取りを進めていくことがインタビュアーに求められる姿勢だろう。特に半構造化インタビューであれば、例えば序盤の質問でかなり時間がかかってしまい、回答者

に疲労が見え始めたら（そして聞きたいことが十分に聞けたら）、途中でインタビューを切り上げても良いかもしれない。

　また、インタビューにおいてどのくらい豊富な情報を得られるかは、回答者が、質問者のことをどのくらい信頼して安心して包み隠さず話せるかにかかっているとも言える。インタビュアーが回答者の正直な気持ちを把握したいのであれば、回答者が安心して率直な意見を言えるような環境を作ることが求められる。そのために、例えばインタビュアーは回答者と適度にアイコンタクトをとりながら、時にはうなずいたりしながら、回答者の答えに価値があることをジェスチャーと表情で伝えることも重要だ。これらインタビュアーに求められるスキルについては、インタビューに関するテキスト[5, 6, 7]に書かれているので、是非参照されたい。

7.4. 社会的望ましさのバイアスについて

　社会調査をする時に気をつけなければならないことの一つが、社会的望ましさのバイアス（Social desirability bias）だ。これは回答者が、質問者や調査者が満足するであろう回答をしようとする傾向のことであり、回答者が自身の正直な気持ちを答えることよりも社会的に望ましい回答をすることにより生ずる問題・バイアスである。例えば「あなたはお金がなくて困っている人を見かけたら、救いの手を差し伸べますか」という質問があったとする。回答者自身は心の中で「今は自分のことで手いっぱいで、とても人を助けている余裕はない」と思うかもしれないが、一方でそのような本音を言うと

きっと「調査者は残念な気持ちになるだろう」「他人への気遣いに欠けている人間だと思われてしまいそうだ」と気を回して考えるかもしれない。そして結果的に自分の意に反して、「はい、私はいつでも救いの手を差し伸べるようにしています」と回答したとする。その場合、そのアンケート結果は、回答者の本当の気持ちを反映していないものとなってしまう。これが社会的望ましさのバイアスで、どのような意識調査でもこの問題が起きる可能性を秘めている。

　環境問題も回答者が調査者を満足させようとするような、いわゆる社会的に望ましい回答をしてしまいがちなテーマであると言われている。「私は環境問題を真剣に考えている」「環境に配慮した行動をとっている」と答えたほうが、一般的に印象が良いため、このような社会的に望まれる回答をすることで回答者は自分自身をよく見せることができるからだ。そして環境教育プログラムの評価のために実施されるアンケートや聞き取り調査においても、回答者が社会的に望まれる回答をする可能性がある。「このプログラムに参加して満足しましたか」とプログラムの運営者や当日お世話になった運営スタッフから質問されたら、何も考えずに「満足です。ありがとうございました」と答えてしまいそうになる。その気持ちもよく分かる。

　アンケートと比較してインタビューは社会的に望まれる回答のバイアスが生じやすいと言われている。一般的にアンケートでは、回答者は紙面に答えを書き、どこかに提出すれば終わりで、回答内容を誰かに逐一観察されることはないだろう。インタビューでは調査者を目の前にしながら答えるので、日常会話と一緒で、どうしても

相手を気遣った回答になってしまいがちだ。例えばプログラムの運営者が参加者10人に対してインタビューをした結果、10人全員がプログラムに満足したと回答したとする。そのうち何人かは実は、プログラムに不満も感じていたものの、直接プログラム運営者と話した手前、都合の良いことだけを答えた可能性もある。プログラムに参加して、たとえ本当は「スタッフの話が早すぎてついていけなかった」「声が小さくて聞こえなかった」「期待していた内容と違った」と感じていたとしてもだ。だからこそ、このような調査をする際には、さらに結果の解釈をする際には、注意が必要だ。

　ではどうすれば社会的に望まれる回答のバイアスをなくす、または減らすことができるのか。例えばあえて「このプログラムで不満だった点を教えてください」「このプログラムの改善点を教えてください」といった質問をすれば、回答者はプログラムの課題など負の部分も話しやすくなるかもしれない。事前に「このインタビューはプログラムを改善させるために行っているので、是非問題点や改善点を教えてください」といった説明を加えれば、より一層率直な答えが聞けるかもしれない。

　また、環境経済学などの分野で議論・検証されている方法・概念として、推論評価（inferred valuation）がある。これは評価対象について回答者自身の気持ちを質問するのではなく、他者の気持ちを推測してもらう調査方法である。例えば自然を守るために寄付をするかどうかをアンケートで尋ねられると、自然保護は一般的に良いこと、つまり社会的に望まれる行為であるため、多くの人が「寄付をする」と回答し、実際に自分の財布を開けて払う金額よりも多く

の寄付額を人は答えがちであることが知られている[8]。しかし「あなたは自然保護のために寄付をしますか」と聞かれる代わりに、「あなたの『知人』は自然保護のために寄付をすると思いますか」と聞かれると、知人のことをよく見せる必要はないため、回答者はより正直な回答をするようになることが推論評価の研究から分かっている[9, 10]。そしてこの「知人は寄付しないだろう」と答えた人の回答が、まさにその人本人の気持ちを表している（つまりその回答者本人も寄付をしない可能性が高い）と先行研究は示している[8]。同様に「知人は500円しか寄付しないだろう」と答えた回答者は、その人本人の支払える額が実際に500円程度であると言えるのだ。筆者もこの手法を使ってアンケートをしたところ、例えば大学生が環境保全に対して寄付すると回答した本人の額は、その学生が考える知人が寄付する額より2倍以上高かった。先行研究に従えば、その学生が本当に寄付するであろう額は知人のそれと同じくらい、つまり自分が払うと言った額の半分以下ということになり、同調査をした私自身、日頃から接している学生の様子などを見る限り、学生が払うであろう金額は、その「半分以下の額」と考えるのが妥当と感じた。環境保全など社会的に望まれる行為について聞く場合、回答者のより正直な気持ちを得るためには「あなたの知人・隣人は○○か」と聞く方法が効果的だと感じた。これを応用して考えると、環境教育プログラムの評価においても、「あなたは本プログラムに満足したか」と聞くとともに、「あなた以外のほかの参加者の様子を見て、彼ら彼女らは満足しているように見えたか」「ほかの参加者はどこに問題があると感じているように見えたか」などと聞いたら、回答者

が答えにくかった本音が把握できる可能性がある。

7.5. 参与観察

　環境教育プログラムはどのような効果を参加者にもたらしているのか。前節ではアンケートやインタビューについて解説したが、参加者に直接話を聞いたり、アンケートに答えてもらわずとも、実はプログラムを受講している様子を観察するだけで、かなりの情報が得られる。すでに述べた通り、アンケートでは参加者は必ずしも正直な、そして正確な答えをアンケート用紙に記載するとは限らないし、インタビューでは、回答者が質問者の気持ちを察して取り繕った答えをする可能性もある。そう考えるとプログラム中の参加者の様子を観察することこそ、最も参加者の素の反応が分かるアプローチなのかもしれない。実際に環境教育プログラムを行っている講師やガイドは、その日の参加者の様子を一番近くで見ているので、プログラムがうまくいっているか、参加者が楽しんでいるか、集中しているかなどをリアルタイムで理解できるだろう。プログラム中の参加者の表情などを観察すること自体が、重要なプログラム評価になるのだ。本書の第5〜6章で、実施されているプログラムについて、準備してきたコンテンツがしっかり行われているのか、予想していた結果が得られているかなどを中間評価、あるいはプロセス評価として明らかにすることの必要性を記述したが、実際に参加者とともにプログラムやツアーに参加し、自身も活動をしながら、周りの参加者の様子を観察することもプロセス評価の重要な手法だ。評価者

自身も参加しながら周りの様子を観察するのでこれは「参与観察」とも言われる。

　なお本章の序盤で、調査をする前に対象者に事前に調査の内容を説明し、調査することへの了承を得る必要があること、つまりインフォームドコンセントの主旨にのっとり調査をする必要性について説明したが、参与観察の場合でも事前に参加者に対して、活動を通した参加者の様子や反応を観察していることを伝えることは重要だろう。これに伴い、参加者は観察されていることを踏まえた行動・リアクションをとってしまう可能性もあるが、筆者のこれまでの調査では、ほとんどの場合、最終的には人々の素の表情を見ることができた。最初こそ観察されていることを意識してしまい、少々ぎこちない動きをする参加者もいたが、そのような人であっても時間の経過とともに純粋にプログラムに集中するようになり、また観察されていることも気にしなくなる（または忘れる）ことが多かった。

　観察した結果は定性的にも定量的にもまとめることができる。例えば、評価者の目から見て、参加者の表情が生き生きとしていたか、活動を楽しんでいたか、活動に集中していたかといった視点で、質的にプログラムの評価をすることができる。参加者の許可を得たうえで、実際の様子を写真におさめても良い。「参加者の75%がプログラムに『満足した』と回答した」という数量的な研究データよりも、参加者の笑顔が満ちた活動中の写真があれば、そのプログラムがうまくいっていたことを示すうえで十分説得力があるかもしれない。実際、質的社会調査の分野において写真は現場の様子を示す重要なデータとして扱われている。個人の顔が特定できる写真を撮る

場合は、本章の冒頭に述べた通りインフォームドコンセント及びコンフィデンシャリティの観点から対象者に事前に許可を得て、また公表する際には個人が特定できないように顔を加工するなどの注意が必要である。研究として写真などのビジュアル素材を収集し、また使用する際の注意点については、質的研究の書籍[6, 11]を参照されたい。

　観察で得た結果を定量的にまとめることもできる。例えば、参加者の集中度合いなどを5段階で評価しながら記録していくこともできる。参加者の集中度合いやリアクションを測る目安として活動中に参加者がガイドなどに質問した回数を数えても良いかもしれない。図7.2.は、あるエコツアーに参加した中学生のプログラム中の集中度合いの変化を示したものである。中学生の集中度合いを30秒ごとに5段階で評価したもので、同じツアーの参加者でもガイドの話を集中して聞いている（と観察された）者と、あまり集中していない者とがいること、さらに人によっては時間を経るごとに集中度合いが上がったり下がったり変化していくことを示している。ある人の集中度合いを評価する際には多少観察者の主観が入ってしまうため、この手法にも課題はあり、紹介した中学生の集中度合いの観察結果（図7.2）についても、論文にまとめる際には、観察データとともに参加者それぞれに実施した聞き取りやアンケートの結果も踏まえ、プログラムの効果について考察した[12]。

　より詳しく、そして論理立てて行う参与観察として、慶応義塾大学の戈木クレイグヒル滋子教授は、書籍『質的研究方法ゼミナール：グラウンデッドセオリーアプローチを学ぶ』において観察した

図7.2. 観察から得られたツアー中の参加者の集中度合いのデータ
(5段階評価［1：ガイドの話を聞いていなかった〈と観察者に判断された〉～5：ガイドの話を集中して聞いていた］、D2/E6/F3/G2はそれぞれの参加者を示す)

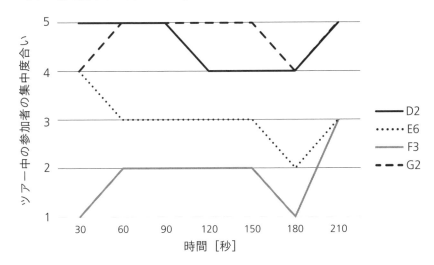

出所：Sakurai, R., K. W. Nakamura., K. Haruta., K. Hashimoto., Y. Nakata., & T. Nakata. 2023. Alternative approach for environmental education evaluations: Pilot attempt to utilize camera and sensor data. Asia-Japan Research Academic Bulletin 4(32): 1-12. をもとに著者作成

内容をプロパティ（特性）とディメンション（次元）に分けて整理する方法を提案している[13]。同書ではケーススタディとして、1か月の入院を終えた生徒が小学校に戻った日の様子が撮影されたビデオをもとに、例えばその生徒、担任の先生、周りの生徒たちの表情、そしてそれぞれの行動（例：先生は同生徒の背中を押す、同生徒はクラスメートを見る）などを記録し、データとして整理する仕方を解説している[13]。この分析方法は環境教育プログラムにおけるツアーガイドと参加者の表情の記録を整理し、さらにそれらの情報を踏

まえプログラムの評価をするうえでも有意義なツールとなるだろう。

●参考文献 ……………………………………………………………………………………………

1) 盛山和夫. 2005.『社会調査法入門』. 有斐閣. 東京.

2) Dillman, D. A. 2007. "Mail and internet surveys: The Tailored Design Method. Second Edition". John Willey & Sons, Inc. New Jersey.

3) 林英夫. 2006.『郵送調査法（増補版）』. 関西大学出版部. 大阪.

4) Stern, J. M., Powell, R. B., & Hill, D. 2014. Environmental education program evaluation in the new millennium: what do we measure and what have we learned? Environmental Education Research 20(5): 581-611.

5) フリック、ウヴェ（小田博志・山本則子・春日常・宮地尚子 訳）. 2006.『質的研究入門：＜人間の科学＞のための方法論』. 春秋社. 東京.

6) 谷富夫・山本努. 2011.『よくわかる質的社会調査：プロセス編』. ミネルヴァ書房. 京都.

7) Brinkmann, S., & Kvale, S. 2015. "InterViews: Learning the craft of qualitative research interviewing: Third edition". SAGE Publications, Inc. London.

8) Lusk, J. L., & Norwood, F. B. 2009. An inferred valuation method. Land Economics 85 (3): 500-514.

9) 田中勝也・長廣修平. 2019. 森林の生態系サービスの価値に対する主観評価と推論評価の比較. 環境経済・政策研究 12(1): 44-58.

10) Sakurai, R., & T. Uehara. 2023. Valuation of student-led agricultural activities at university: Comparison of willingness to pay with inferred values. Sustainability Science. DOI: 10.1007/s11625-023-01296-2

11) バンクス、マーカス・石黒広昭. 2016.『質的研究におけるビジュアルデータの使用』. 新曜社. 東京.

12) Sakurai, R., K. W. Nakamura., K. Haruta., K. Hashimoto., Y. Nakata., & T. Nakata. 2023. Alternative approach for environmental education evaluations: Pilot attempt to utilize camera and sensor data. Asia-Japan Research Academic Bulletin 4(32): 1-12.

13) 戈木クレイグヒル滋子. 2005.『質的研究方法ゼミナール：グラウンデッドセオリーアプローチを学ぶ』. 医学書院. 東京.

第 8 章

分析方法

前の章ではアンケートやインタビューなど、評価をするのに必要となる情報を得るための手法を紹介した。ではそれらのデータをどのように分析し、その結果を解釈したらよいのだろうか。ここでは環境教育プログラムの評価という本書の目的に照らし合わせ、よく使われる分析手法、または使い勝手の良い手法を紹介する。なお、社会調査におけるデータの分析方法に関する全体的な概論や個別具体的な分析方法については関連する教科書[1, 2]を参照いただきたい。

8. 1. 単純集計

　どのような方法でデータを獲得したかにかかわらず、分析はまずは生のデータそのものを理解するところから始まる。つまりアンケートであろうとインタビューであろうと、分析とは回答者による回答結果を全て、じっくりと読みこなす／読み返すところから始まるだろう。アンケートにおいて例えば5段階評価（1＝そう思わない〜5＝そう思う）で聞いた項目については、回答結果をざっと見るだけでも大まかな傾向（多くの人がどの回答をしていたかなど）が分かる。アンケートの自由記述の結果であれば、まずは回答者全員の記述内容を読み、プログラムに参加した人の感想や思いを理解するところから始まる。結果を報告書などにまとめる際には、回答者の数が少ないアンケートであったなら、実際に書かれた自由記述の内容をそのまま掲載してもよいかもしれない。情報を加工せずに回答者の生の声を記載することで、報告書を読む人に当日の様子などが臨場感を持って伝わるかもしれない。例えば大半の回答者が同様の

図8.1. 円グラフの例:
100名の参加者の「プログラムに満足しましたか」という質問への回答だった
とすると、大半（70％）が満足していたことがこの円グラフから一目で分かる。

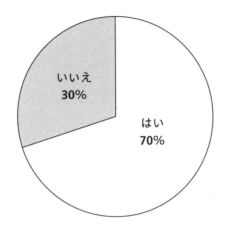

言葉を用いて回答をしていたならば、「楽しかった：12名」「興味が
わいた：9名」などキーワードごとにまとめたら、参加者による回
答結果の大まかな傾向が分かる。

　回答形式が「はい」「いいえ」の二択である項目については、何人
または何％の人がそれぞれの回答をしたのかを示せば十分だろう。
つまり、「回答者の70％が『はい』と、30％が『いいえ』と回答し
た」と報告書で説明できたらよいし、円グラフ（図8.1.）などで示せ
たら視覚的に結果の理解が容易になる。例えば「あなたは本日のプ
ログラムに満足しましたか」という質問に対して5段階で回答する
項目については、「全く満足していない」5％、「あまり満足していな
い」8％、「どちらとも言えない」27％、「少し満足した」35％、「と
ても満足した」25％とそれぞれの回答の割合や頻度を報告すればよ

図8.2. 棒グラフの例：
100名の参加者の「プログラムに満足しましたか」という質問への回答だったとすると、満足しなかった人よりも満足した人の方が多かったこと、一方で少なからずの人が「どちらとも言えない」と答えていたことが視覚的に分かる。

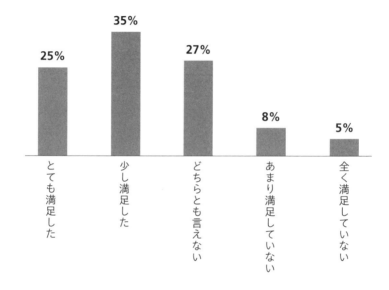

い。これも棒グラフ（図8.2.）などで視覚的に示せば見やすくなる。

　ここまで示してきた例は、自由記述をそのまま報告したり、それぞれの項目の回答割合を示したりするもので（図8.1.及び8.2.も含め）、単純集計結果とも言われている。そして、この単純に集計した結果こそが最も重要と言える。参加者の中でどのくらいの人がプログラムを楽しんだのか、参加者は自由記述でどのような点を改善してほしいと回答したかといった情報は運営者、また評価者がまず知りたいことだろう。評価の目的が参加者の満足度の把握であったならば、これらの単純集計結果だけでも十分かもしれない。

8.2. 統計解析

　前節で単純集計結果の見せ方について説明したが、ではどのような時にそれ以上の分析が必要になるのだろうか。例えば環境教育プログラムを実施して、参加者の特定の環境問題に関する知識が20％増加したとする。この20％はどのような意味を持つのだろうか。統計解析をすることで、得られた数量的データがどのような意味を持つのか解釈がしやすくなる。統計解析の詳細な解説は、統計学の教科書[3, 4]に譲るとして、ここでは環境教育の評価をする時に役に立つと思われる基礎的な手法を中心に概説する。

8.2.1. 比較

　環境教育プログラムの評価において、多くの場合、評価者が知りたいことは、特定のプログラムや活動をしたことで、参加者にどのような変化があったのかということだろう。これを明らかにするためには、活動に参加する前と後の変化を見ればよい。第5章で紹介した事前・中間・事後評価及び第6章で紹介したインパクト評価の多くはまさに、活動前後の参加者の意識や状態を「比較」することでプログラムの効果を探ろうとしている。

　例えば、ある環境教育プログラムを受講する前と後の参加者の環境に関する知識を比較することを考えてみる。必要なデータは参加者のプログラムを受ける前の知識レベルと受けた後の知識レベルに関する得点（平均値など）だ。これは受講前の参加者（グループ1）と受講後の参加者（グループ2）という二つのグループ（グループ

内のメンバーは同じだが）を比較することに等しい。そしてこのように二つのグループの値を比較するための有名な統計解析手法の一つとして、t検定がある。詳細な解説は社会調査や統計解析に関する教科書[1, 5]を参考にしてもらいたいが、t検定は二つのグループの平均値の差などを検定するもので、t分布を用いて分析することからt検定と呼ばれる。Microsoft社が開発・販売しているエクセル（Excel）やIBM社が製造・販売しているSPSS（Statistical Package for the Social Sciences）といったソフトウェアなどを用いることで、この検定ができる。全く同じ人たちから構成される二つのグループ（プログラム受講者の事前・事後の意識など）を比較する場合は「同一サンプルのt検定」を、異なるグループ（例えば活動参加者と非参加者のグループ）を比較する場合は「独立したサンプルのt検定」を実施する。このようにデータの種類や特徴によって使える統計解析は変わってくる。

　t検定は母集団の分布が正規分布をとると仮定できる場合など、いくつかの条件のもとで実施できる。正規分布とは、簡単に言えば、データの多くが平均値の付近に集まるような左右対称の分布を指し、例えば成人男性の身長の分布は、平均身長の付近に多くが集まる。日本人の成人男性の平均身長はだいたい170cmなので、多くの日本人男性が170cm付近に分布しており、左右対称に広がっている。しかし、人々の意識を測るような社会調査では、データがきれいな正規分布を見せることはほとんどない。例えば、環境問題の知識に関するテストについてアンケートを行った場合、簡単な質問であれば回答者の多くが満点をとる可能性がある。10点満点であれば、多く

のデータが10付近に偏って分布し、正規分布にならない。また、そもそも標本数／サンプル数が少ないと、分布の偏りが目立ったり、特定の極端な回答（例：10点満点のテストで10人中9人が7〜9点だった一方、一人だけ2点の回答者がいた）があると、正規分布をとりにくくなる。このような場合t検定など、正規分布を仮定する分析（パラメトリック検定と呼ばれる）を使うと正確な結果が出ない可能性があり、正規分布を仮定しない別の解析方法（ノンパラメトリック検定）を用いる必要があり、例えばマン・ホイットニーのU検定と呼ばれる分析方法などがある。

　さて、肝心の結果についてだが、t検定であれば算出される結果の中でt値（t検定の結果求められる値）とp値（有意点）が特に重要で、t値が大きければ、さらにp値が小さければ、比較したグループ間の値において差が大きいことになる。マン・ホイットニーのU検定においても、やはりp値が重要となる。p値とは有意水準とも言われており、この値が統計学によって定められた特定の数値（例：0.05）より小さければ、二つのグループにおいて差があると判断される。例えば、事後の参加者の知識レベルの方が事前の知識レベルよりも100点満点のうち2、3ポイント高いことが分かったとして、この2、3ポイントの差にどのような意味があるのか（大きいのか小さいのか）、解釈が難しい。そこに一定の基準を示してくれるのがp値である。p値が0.05（5%）であったならば、この測定した結果が母集団の傾向と全く同じである可能性が5%であることを示しており、逆に言うと95%の確率で二つのグループに差があることを示している。多くの研究では有意水準が5%、またはそれ以下の

場合、「プログラム後の回答者の知識レベルが増加した、そしてそれはプログラム効果によるものと考えられる」と結論付けることになる。同じグループにおける事前事後の意識の変化をt検定で明らかにした結果[6]の例を表8.1.に示した。

　また測定するデータは、必ずしも平均値のような点数で表せないこともある。例えば、特定のプログラムを受ける前のアンケートでは、参加者100人中70人が「環境保全に関心がある」と答え、それ

表8.1.　クマに関する住民学習を行った結果の参加者の意識変化：
同一サンプルのt検定を実施（nはサンプル数、NSは有意水準を5％に設定した場合、有意な差がなかったこと［Not Significant］を表す）。「私はクマを家の近くに引きつけない方法を知っている」という項目のみ事前と事後に有意な差があることが分かる。

質問項目（n）	平均値		t値 （自由度）	p値
	事前	事後		
近年、クマと人間社会との問題は増えている（27）	4.48	4.74	1.66 (26)	NS
クマが近くに生息しているので、子供の安全が心配である（26）	4.38	4.54	0.70 (25)	NS
クマが近くに生息しているので、作物の被害が心配である（26）	4.08	4.15	0.36 (25)	NS
クマが近くに生息しているかもしれない場所では外を歩くことに不安がある（27）	4.26	4.26	0.00 (26)	NS
私はクマを家の近くに引きつけない方法を知っている（22）	2.05	3.45	3.44 (21)	<0.05

出所：桜井良・上田剛平・ジャコブソン、K. スーザン. 2012. 事前・事後アンケートから見るクマ対策住民学習会の効果：兵庫県豊岡市日高町の事例より. 共生社会システム研究　6 (1):380-392.

がプログラム受講後のアンケートでは90人が関心があると回答し、増加したとする。この場合、参加者の平均値などの値ではなく、参加者の人数（割合）そのものが増加している。このような割合や人数の変化を調べる際によく使われる分析方法がカイ二乗検定である。これは独立性の検定とも言われており、例えばプログラム実施前と実施後の環境配慮意識を持つ参加者の割合（％）において、有意な差があるかどうかを検定する。表8.2.は一般的にクロス表と言われるもので、ここではプログラム実施前と後の意識の変化を人数と％で示している。カイ二乗検定の結果、カイ二乗値は29.039、有意確率は0.01未満と算出されており（表8.2.）、これによりp値が0.05を下回ったという意味において、二つの変数に関連性がある、つまり事後に環境への意識が高まったと結論付けることが可能になる。カイ二乗検定は正規分布を仮定していないので、様々な調査結果に応用できるが、一つのセルのサンプル数が極端に少ないと（例：期待度数が5未満の場合）検証結果について慎重に解釈する必要がある

表8.2. 環境教育プログラム実施前後の参加者の環境配慮行動の実施頻度：
事前アンケートでは625名が回答し、事後アンケートではそのうち225名のみが回答した結果を用いている（X^2はカイ二乗値、dfは自由度［degree of freedom］を示す）。

	事前（n = 625）度数（%）	事後（n = 225）度数（%）	カイ二乗検定
いつもしている	114（18.2）	74（32.9）	$X^2 = 29.039$,
時々している	134（21.4）	59（26.2）	df = 2,
全くしていない	377（60.3）	92（40.9）	p<0.01

など、注意点がいくつかある。カイ二乗検定もエクセルやSPSSを用いて分析ができるし、手計算でも分析できる（計算方法の詳細は社会調査に関する教科書[2)]などを参考にされたい）。

8.2.2. 関係性

　環境教育プログラムの評価として、グループ間の比較だけでなく、人々の行動や意識の関係性を明らかにしたいこともあるだろう。ゴミ問題への関心が高い人は自然保護への関心も高い可能性があり、そもそも環境問題全体への関心が高い可能性がある。環境問題への関心の高さとゴミ問題など個別の環境問題の関心度合いは、お互いに関係し合っていることも想定できる。また要因同士の関係性を明らかにすることで、何が行動の変化に影響を与えうるのかも特定できる。前項で説明した「比較」の分析をすることで、例えば事前と事後で参加者の環境配慮行動が有意に増加したということは分かるが、プログラムのどの部分が人々の行動変化に作用したのかは分からない。関係性を見ることで例えば知識が増えたことにより、プログラム参加者の行動変化が促されたといったことが明らかになるかもしれない。

　このように双方に関係していることを相関関係（直線的関係）があるという。相関分析をすることで、調べた心理要因などの項目間にどのくらい強い関係性があるかを確かめることができる。一般的には相関係数はrで示され、この値が1.0に近いほど正の相関関係が強く、−1.0に近いほど負の相関関係が強い。またp値が小さいほど（例：<0.05）その関係性が確かである可能性が高い。

双方向の関係性だけではなく、一つの要因が別の要因に影響を与えているかを調べる分析が回帰分析である。例えば「暑い日にはアイスクリームを買う人が増える」という仮説を調べてみるとする。暑くなるほどアイスクリームを食べたくなる人が増えることは想像できるが、一方で、アイスクリームを買う人が増えるほど気温が高くなるとは考えられない。気温とアイスクリームの購買量の関係性は双方向ではなく、影響があるとすれば気温の高さが人の行動（アイスクリームの購買）に一方的に影響を与えるものである。回帰分析により、気温が何度高くなるとアイスクリームを買う人が何人増えるか、具体的な関係性を明らかにすることができる。要因の関係性を理解することは、環境教育プログラムを効果的に運営するうえでも重要だ。例えば「特定の環境問題について年配の人ほど内容をよく理解している」といった傾向があったとする。このことを事前に理解していれば、このテーマに関する環境教育は、すでに多くを知っている年配の人ではなく、若者を対象にするべきとの戦略を立てることもできる。つまりプログラムのターゲットが明確になる。またプログラムの参加者に年配の人が多ければ、教えるテーマをこの年代の人が知らない内容に変更することで、参加者にとって学びの多い時間を提供できるかもしれない。参加者の年齢、性別、これまでの自然体験の有無など様々な特性の中で何が、彼ら彼女らの環境意識の差に影響を与えるのかを事前に具体的に把握できれば、参加する人の特性を踏まえ、活動内容を調整することも可能になる。

　第4章で紹介したように、社会心理学理論の多くも心理要因同士の因果関係を調べている。例えば、計画的行動理論は、態度・規

範・統制感といった心理要因がどのように人々の行動意欲に影響を与えるのかを示すモデルである。

　図8.3.は海洋学習が行われている中学校において、生徒の「海に対する興味関心」「海に関する知識」、そして「地元への愛着」が増加すると「海を守ろうとする保全意欲」が高まることを示したモデルである（ここで示した関係性は全てp値が0.05以下で、有意である）[7]。要因同士の影響を示す回帰係数は β（ベータ）で表すことが多く、この図からは、特に興味関心が保全意欲に与える影響が大き

図8.3.　回帰分析で示された要因ごとの関連性：
生徒の「地域や地元の海への興味関心」「海や漁業に対する知識」「地域や地元の海への愛着」が「地元の海を保全することへの意欲」に影響を与えることを示している。

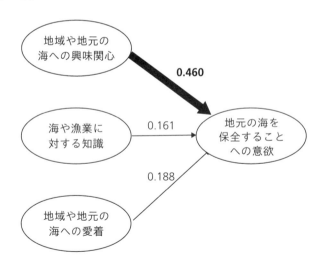

出所：桜井良・上原拓郎・近藤賢・藤田孝志. 2022. 海洋学習が行われている中学校の生徒の海に対する態度と保全意欲：自由記述や絵の描写も含めた比較調査より. 保全生態学研究 27: 181-195.

いこと（$\beta = 0.460$ なので、愛着［$\beta = 0.188$］の倍以上の影響力があること）が分かる。

　因果関係を調べる際には、回帰分析をして有意な結果が得られたかどうかだけでなく、そもそもなぜその因果関係が存在すると考えたのか、仮説の裏付けとなる根拠があることも重要だ。例えば図8.3.では、実は因果関係が逆で、保全活動を実践したことで地元への愛着が深まった可能性もある。これについてはこの研究では生徒に対する聞き取り調査、著者や中学校の教員による生徒の観察、また地域への愛着と保全行動との関係性を調べた先行研究[8]の知見を踏まえ、愛着（さらに興味関心と知識）が保全意欲に影響を与えると考えることが妥当と判断し、この仮説を構築している。このように先行研究や運営者としての知見や経験を踏まえ構築した仮説を回帰分析で検証することで、何が最も人々の保全意欲に影響を与えているかが分かるだろう。そしてその結果は、例えば環境教育プログラムを開発する際に、参加者の保全意欲や保全行動を促進するために、活動中にどのようなメッセージを参加者に伝えたらよいか、具体的な方策を考えるための指針を提供してくれる。

　なお、ここまでp値が統計解析の結果を解釈するうえで一つの基準になると書いてきた。しかし一方で、p値は偶然その関係性が示された可能性がどのくらい低いかといった観点から、有意と判断できるか否かを確率的に示しているに過ぎない。これを踏まえ昨今では、エフェクトサイズ（効果量）を結果として示すことも多くなっている。効果量はデータの単位に依存しない標準化された効果の程度を示す指標で、rやdなどで示されることが代表的だが、詳細に

ついては関連する書籍[9]を参照されたい。

8.2.3. 共分散構造分析

　ある心理要因を測定しようとする際に、一つの項目で測るのではなく複数の項目を用意して測定したほうが、より妥当性の高い結果が得られることがある。妥当性とは計測しようとしている概念を正確に測定できているかを示す尺度である[10]。第4章で、世界中でよく使われてきた社会心理学理論の例として計画的行動理論を紹介した。この理論では人々の行動意図に影響を与える心理要因の一つとして主観的規範（subjective norm）に注目している。主観的規範は特定の行動をするために個人が感じる周りからの期待・圧力を意味するが、これを一つの質問項目で測定することは難しい。例えば「私の周りの人は私がその行動をとることを期待している」という一項目だけでも良さそうだが、「期待」という言葉に対して回答者が異なる解釈をするかもしれない。したがって、「私の周りの人はその行動が良いことだと考えている」や「私の周りの人は私がその行動をとるべきだと考えている」など複数の項目を用いて調べ、それらの合計点、あるいは平均点を出したほうが回答者の主観的規範をより正確に評価できるだろう。同様に「周りの人」として思い浮かべる対象も回答者によって異なるかもしれないので、「『私の友人』は私がその行動をとることを期待している」や「『私の家族』は私がその行動をとることを期待している」など別の言い方の質問も加えたほうがよいかもしれない。そうこうしていると、主観的規範を測定するだけでも複数の質問項目が必要になる。実際、先行研究の多

くも複数項目を用いて測定をしている[11, 12, 13, 14]。

　同様に環境配慮行動の実施度合いを調べる質問項目を考えてみる。例えば「マイバッグを持って買い物に行っている」という一つの項目だけを調べても、ほかの環境配慮行動はしていない可能性もあるので、「環境に優しい商品を買うようにしている」「環境保全団体に寄付をしている」など関連する複数の項目を用意して、それらの合計点や平均点を算出したほうが多様にある環境配慮行動を踏まえた回答者の得点を導き出せるだろう。環境配慮行動の実施度合いを調べた先行研究もやはり複数の項目から測定している[13]。しかし、ただ関連しそうな項目を複数考えて聞けばよいというわけではなく、それらが総じて同じもの／テーマ（例：主観的規範、環境配慮行動）を測定できているのかを確かめる必要がある。用意した項目全てが同じものを測っているとみてよいかどうか、その程度を示すのが内容的整合性である。一般的には信頼性分析と呼ばれる検定を行い、用意した項目間の信頼性係数の高さを調べる。信頼性係数を測る代表的な指数がクロンバックの α 係数で、この値が1に近いと項目間の相関が大きく、同じもの（例：主観的規範）を測っているとみなせることになる。

　先述の計画的行動理論の例であれば、主観的規範だけでなく、行動に対する態度、行動統制感、そして行動意図もそれぞれ複数の項目から調べることで、それぞれの要因について、人々の意識をある程度網羅でき、結果の妥当性も高まりそうだ。実際、先行研究の多くも複数項目を用意している。そして実際の分析では、複数項目からなる主観的規範、行動に対する態度、行動統制感がそれぞれ同じ

く複数項目からなる行動意図にどのように影響を与えるのかを調べることになる。ここでは複数項目から構成される要因同士（因子や潜在要因と言ったりする）の関係性を調べるため、一項目同士の関連性のみを調べる相関分析や回帰分析では対応ができない。

　そこで登場するのが共分散構造分析である。共分散構造分析は、このように複数の項目で構成される因子同士の関係性を調べるもので、因果関係だけでなく、それぞれの項目が因子を説明できているのかという信頼性分析も同時に行える手法である。図8.4.は、第4章で紹介した「地域への愛着概念」が人々の将来世代への意識（将来世代のために自然環境を残したいか）に与える影響について共分散構造分析で明らかにしたモデルである[15]。図内の数値は標準化係数で、いわゆる項目間の関連性や影響力を示している。例えば4項目から構成される生物・物理的要素が2項目から構成される将来世代への意識に与える影響力は0.66で、6項目から構成される心理的要素が与える影響力（0.21）の3倍以上大きいことが分かる。生物・物理的要素は「野生生物についてもっと知りたい」といった生物に関連する項目から構成されることを踏まえると、生物に対して強い関心を持っている人の方が、特定の場所への心理的なつながりを感じている人よりも将来にわたってその自然を残したいと考えていることが分かる。一方で、図8.4.を見ると社会・文化的要素や政治・経済的要素から将来世代への意識への矢印は存在しないため、これらの因子間に有意な関係性は存在しないことが分かる。

　回帰分析や共分散構造分析など、要因間の関連性を明らかにする分析を行うことで、例えば環境教育プログラムの運営者は目的を達

図8.4. 住民（n = 1,746）の沿岸域保全に関する意識に影響を与える要因に関する共分散構造分析の結果

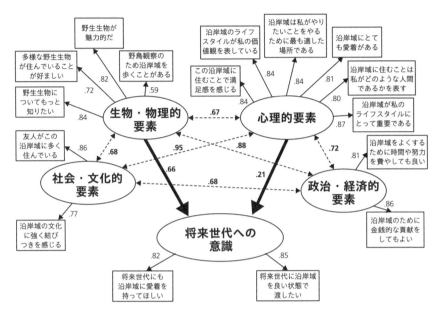

出所：Sakurai, R., Ota, T., & Uehara, T. 2017. Sense of place and attitudes towards future generations for conservation of coastal areas in the Satoumi of Japan. Biological Conservation 209: 332-340. をもとに著者作成

成するために、実際にどのような活動を実施したらよいかなどを明らかにできる。またプログラムで特定のメッセージを参加者に伝えることで、どの程度参加者の意識や行動が変わるかも事前に予測することができる。先の共分散構造分析の結果を参考にすると、ある環境教育プログラムが参加者の「将来世代への意識」を醸成させることを目標としていたとすれば、プログラムではまず対象となるエリアの野生生物種の豊かさなどを教えること（つまり「生物・物理

的要素」の向上を目指すこと）が重要だということが分かる。同時に「心理的要素」が影響を与えていたことより、そのエリアで具体的な活動をすることで参加者が場所への愛着を持つようになることも重要だと考えられる。共分散構造分析でなくとも、回帰分析をすれば、特定のテーマに関する知識の向上が参加者のその問題への行動意欲を何ポイント増加させるのか、といった予測ができるようになる。これらの分析を用いて得られた結果は、より効果的な環境教育プログラムを考えるうえで、またすでに行われている活動内容に改善を加えるための重要な知見となるだろう。

8.3. テキストマイニング

　本章で紹介したいくつかの統計解析は、いずれも数値で表せるデータを用いた手法である。つまり、例えばアンケートで回答形式を「1＝そう思わない、2＝あまり思わない、3＝どちらとも言えない、4＝少し思う、5＝そう思う」と設定した質問をすることで、結果は1から5の数値として分析できる。では、自由回答記述（例：「今日は楽しかったです。ありがとうございました」と書かれた回答）など、そのまま数値では表せないデータはどのように分析したらよいだろうか。自由回答として参加者が書いた記述は分析したり加工することなく、そのまま示すだけでも意義があることは第7章ですでに述べた。しかし、例えば回答者が100人いて、それぞれが1,000字程度の感想文を書いた場合、合わせて10万字になるような文章をそのまま結果として報告したり、レポートにまとめたりすることは困

難だろう。その場合、テキストマイニングを用いた分析をすることで、回答者が書いた大量の文章における傾向や特徴を把握することが可能になる。テキストマイニングでよく用いられる手法が、単語を品詞ごとに分類し、分析する形態素解析だ。例えばアンケートで参加者が「私は自然が好きだ」と回答したとする。形態素解析では「私」や「自然」という名詞、「好きだ」という形容詞、「は」「が」という助詞がデータとして記録される。他の参加者も「自然は美しい」などと回答していたとすれば、全体として「自然」という単語（名詞）が何回出現したか（参加者によって何回回答されたか）を数量的に把握できる。

　テキストマイニングは無料のソフトウェアがいくつか存在するので、気軽に試すことができる。中でも有名なものがKH Coder（https://khcoder.net/）で、学会誌『環境教育』に掲載されているテキストマイニングを用いた論文の多くがKH Coderを使用しているように見受けられる。KH Coderであればソフトウェアを開くと「データ」というツールバーがあるので、ここにアンケートの自由記述や聞き取りで得られたデータをそのまま入力することで分析が可能になる（KH Coderで分析をするための手順や方法は参考書[16]を参照されたい）。

　表8.3.は大学の、ある授業を受ける前と後に実施したアンケートに対する学生の自由記述を、KH Coderを用いて分析した結果を示している[17]。具体的には事前事後アンケートでそれぞれ学生が多く記した言葉が、Jaccardの数値が高い順番に記載されている。Jaccardは一つの文章の中に対象とする単語が出現する確率を示し

ており、事前アンケートでは学生が回答した文章一文当たり0.438の確率で「不安」という単語が書かれていること、一方で事後アンケートでは一文当たり0.336以上の確率で、「問題」「解決」「学問」といった、授業で学ぶ内容に関する単語が書かれていることが分かる。つまり、このテキストマイニングの結果を見るだけで、一つの授業を通して、最初は「友達」ができるか「不安」と感じていた受講生も、学期末にはそのような「不安」はほとんどなくなり、一方で勉強した内容に関する記述が多くなったという傾向が見て取れる。

表8.3. 大学の授業を受ける前と後の学生（n = 89）の自由記述内容

順位	事前			事後		
	抽出語	出現回数	Jaccard	抽出語	出現回数	Jaccard
1	不安	46	0.438	問題	60	0.417
2	友達	29	0.322	解決	48	0.361
3	知る	30	0.313	学問	36	0.336
4	政策	32	0.283	様々	27	0.270
5	社会	33	0.277	早い	24	0.264
6	学ぶ	30	0.259	分野	25	0.238
7	サークル	24	0.258	考える	25	0.223
8	授業	26	0.248	多角	19	0.204
9	興味	24	0.238	特に	19	0.200
10	思う	26	0.232	単位	20	0.196

出所：Sakurai, R. 2022. Changes in students' learning skills through the first-year experience course: A case study over three years at a Japanese University. Journal of Applied Research in Higher Education. DOI: 10.1108/JARHE-05-2021-0190をもとに著者作成

テキストマイニングを用いた分析をすることで、例えば環境教育を受けた参加者の感想について一定の傾向（多く出現した単語）や特徴（どのような属性の参加者が特定の言葉を使っていたのかなど）を把握することが可能となる。プログラム運営者はこの結果を踏まえ、プログラムの改善点や成功した点を客観的に把握することができ、より良いプログラムの実施に向けたヒントを得ることができる。

●参考文献 ……………………………………………………………………………………

1）　盛山和夫. 2005.『社会調査法入門』. 有斐閣. 東京. 325 pp.

2）　大谷信介・木下栄二・後藤範章・小松洋. 2014.『新・社会調査へのアプローチ－理論と方法－』. ミネルヴァ書房. 京都. 401 pp.

3）　Agresti, A. 2018. "Statistical Methods for the Social Sciences. Fifth Edition". Pearson Education Inc. Boston.

4）　海野道郎・中村隆. 2013.『社会統計学：社会調査のためのデータ分析入門　ボーンシュテット＆ノーキ　－学生版－』. ハーベスト社. 東京. 431pp.

5）　村瀬洋一・高田洋・廣瀬毅士. 2007.『SPSSによる多変量解析』. オーム社. 東京. 352pp.

6）　桜井良・上田剛平・ジャコブソン、K. スーザン. 2012. 事前・事後アンケートから見るクマ対策住民学習会の効果；兵庫県豊岡市日高町の事例より. 共生社会システム研究　6（1）:380-392.

7）　桜井良・上原拓郎・近藤賢・藤田孝志. 2022. 海洋学習が行われている中学校の生徒の海に対する態度と保全意欲：自由記述や絵の描写も含めた比較調査より. 保全生態学研究 27: 181-195.

8）　Stedman, R.C., 2002. Toward a social psychology of place: predicting behavior from place-based cognitions, attitude, and identity. Environment and Behavior 34(5): 561-581.

9）　豊田秀樹. 2010.『共分散構造分析（Amos編）－構造方程式モデリング－』. 東京図書. 東京. 262 pp.

10）　庄子康・栗山浩一. 2016. 第3章 アンケート調査票の設計.『自然保護と利用のアンケート調査：公園管理・野生動物・観光のための社会調査ハンドブック』. 愛甲哲也・庄子康・栗山浩一編. 築地書館. 東京. p.47-85.

11）　広瀬幸雄. 1994. 環境配慮的行動の規定因について. 社会心理学研究 10: 44-55.

12）　橋本公雄・胡嘉明・藤永博・Lutz, R. 2008. 日中間の学生における精神的健康への計画行動理論の予測力. 健康科学30: 27-37.

13）早渕百合子．2008．『環境教育の波及効果』．ナカニシヤ出版．東京．193 pp.

14）野波寛・池内裕美・加藤潤三．2002．コモンズとしての河川に対する環境配慮行動の規定因：集団行動と個人行動における情動的意思決定と合理的意思決定．関西学院大学社会学部紀要 92: 63–72.

15）Sakurai, R., Ota, T., & Uehara, T. 2017. Sense of place and attitudes towards future generations for conservation of coastal areas in the Satoumi of Japan. Biological Conservation 209: 332-340.

16）樋口耕一．2020.『社会調査のための計量テキスト分析－内容分析の継承と発展を目指して』.ナカニシヤ出版.東京．233 pp.

17）Sakurai, R. 2022. Changes in students' learning skills through the first-year experience course: A case study over three years at a Japanese University. Journal of Applied Research in Higher Education. DOI: 10.1108/JARHE-05-2021-0190

第 9 章

ケーススタディ I
協働型評価の例

本書では環境教育プログラムの評価をするうえで、事前・中間・事後評価（第5章）やセオリー・プロセス・インパクト評価（第6章）のように異なるタイミングや目的のもとで行われる複数の評価をセットで行うことが重要であると紹介してきた。しかし、環境教育プログラムの評価と銘打ってまとめられた論文や報告の多くは、特定の活動に参加することで人々の知識や意識などにどのような変化があったのか調べたものが多いようだ。それらは事後評価やインパクト評価にあたるだろう。一方で、参加者にとって学びや得るものが多い環境教育を行うためには、プログラム内容が目標を達成するために適切であるか、そもそもプログラムが掲げた目標は妥当で実現可能なものかなどを吟味する必要があるだろう。つまりプログラムを実施する前の準備に多くの時間を割く必要がある。しかし世の中で行われている環境教育プログラムの中には、プログラムの目標や内容について十分に吟味することができず、またそのような時間を割くこともできず、手探りで、とりあえず活動が始まったというケースもあるだろう。また、プログラムの目標がしっかり練られたうえで始まった活動であっても、例えば10年も経過すると、社会情勢や参加者の特徴も次第に変わっていき、プログラム内容が現在の参加者のニーズに合わなくなってくることもある。

　著者自身、大学で日々学生に対して行っている授業は、最初に授業を設計した段階では、適切な内容を精査し、当時の自分なりにベストを尽くし、考案したものであったが、今見返せば改善の余地も多々あると感じる。教育内容が受講者のニーズに合っているか、プログラムの目標や内容が現在の社会情勢と照らした際に最適なもの

になっているか、常に自問・確認する必要があるだろう。だからこそプログラムの実施後に行うインパクト評価だけでなく、プログラムの目標や内容そのものを精査するセオリー評価が重要と、教員の実体験として感じている。しかし自分が行っているプログラムの内容が目標に対して最適のものかどうかについては、一人で考えていてもなかなか答えが出ないこともある。第6章で述べた通り、セオリー評価はプログラムの運営者や外部者である研究者など様々な利害関係者が連携して行うことで、プログラムの改善に資する重要な気づきが得られたりする。本章ではプログラムの内容の精査や目標の再設定を研究者と実務者が行った共同研究の結果[1]を紹介する。

　全国から環境教育の実践者や研究者などが山梨県北杜市に集う「清里ミーティング」と呼ばれるイベントがある。1989年から毎年開催され、期間中は連日、環境教育に関する活動や参加者同士の学び合いが行われる。例年200人程度が参加する同イベントは、日本で最も歴史のある、また大規模に行われる環境教育プログラムの一つと言える。本章で紹介するプロジェクトは、同プログラムを運営する公益財団法人（以下、財団）と研究者との共同研究としてスタートした。この共同研究では、環境教育イベントを評価するという目標はあったものの、どのように評価するか、何を研究課題とするか、などは研究が始まった当初は決まっていなかった。何をどのように研究するかも含め、実務者と研究者とで話し合いながら進めていく方針だったからだ。このプロジェクトのメンバーは同財団の職員2名（財団全体を統括していた職員と評価対象であった清里ミーティングの企画運営に携わっていた職員）と外部評価者として携わ

った研究者（著者を含めた大学教員）2名から構成された。

　4名で打ち合わせを重ねる中で、重要なことがいくつか分かった。まず、プロジェクトメンバー4名の中でも、何をどのように評価すればよいかなどの点で考え方が多様であるということだ。さらに財団の職員2名の間でも、プログラムの目指す目標に対する考え方が異なる（例：一人は活動参加後の何らかの参加者の行動の変化を目標とすべきと考えており、もう一人は行動変化があるかは同プログラムの目標ではない［プログラムに参加してもらうこと自体が目標である）と考えていた］ことが分かった。また、そもそものプログラムが掲げているゴールについては、これが現在の社会情勢を踏まえてもなお適切なものなのか、財団の職員間でも統一した意見が必ずしも存在しないことが分かった。同プログラムは30年間継続して行われてきた歴史のあるイベントで、活動内容等もある程度確立されている一方で、30年前に設計されたプログラムであるため、現在の参加者のニーズをどの程度反映できているかという点については、財団の職員も首をかしげていた。そして、そういったプログラムの目標や課題について財団の職員同士で話し合う機会も、これまでほとんどなかったということも明らかになった。そこで、同評価プロジェクトでは、まずはこの環境教育プログラムの具体的な目標を4名のメンバー全員での話し合いのもと改めて定め、明文化することを目指した。

　本プロジェクトのステップとして、まずメンバー4名の話し合いでの発言を記録し、その内容をテキストマイニングで分析し、それぞれが使っている言葉の傾向を把握した。各メンバーの発言内容や

使っている単語の特徴は、次の話し合いの際に共有し、メンバー同士でお互いの考えていることを客観的に理解することを目指した。打ち合わせの度に、会議録の分析とその内容の共有作業を繰り返した。

　本プロジェクトでは、まずは話し合いを通して、プロジェクトメンバー4人でこの環境教育イベントが目指すゴールを整理し直すことを試みた。話し合いを通してどのような合意が得られるのか（あるいは得られないのか）、著者も含め、メンバー間でも分からない中で協働作業をスタートしたが、本研究ではこの協働プロセスそのものを研究することにした。協働プロセスの一端を明らかにするために、本研究では会議中のプロジェクトメンバーによる発言記録を分析したが、著者もメンバーの一人であったため、著者自身の発言内容もデータに含まれている。研究者と当事者（実務者）が共同で特定の活動を実践し、組織や社会の改善を目指し、行う研究活動はアクションリサーチと呼ばれている[2]。研究者が外部者として外から特定の現象を調査する一般的な研究と異なり、研究対象者も研究に直接参加することがアクションリサーチの特徴である。本取り組みは同環境教育イベントの改善を目指し、プロジェクトメンバーが自らの発言内容を確認しながら協働する当事者参加型アクションリサーチと呼べる[3]。評価アプローチとしては、本研究で取り組んだプログラムが目指すゴールの再設定は、セオリー評価といえる。活動の運営者と外部の研究者がともに評価に取り組んだことも本研究の特徴で、評価形式としては運営者本人が評価する内部評価と外部者が評価する外部評価を組み合わせた協働評価といえる。

第一回会議では、まず本研究のゴールや同環境教育イベントの現状に関して、プロジェクトメンバーで話し合った。この時の各メンバーによる発言記録を分析した結果、メンバー4名それぞれが共同研究で目指すことと、それぞれが考える同環境教育イベントの目標において、考え方に大きな差があることが分かった。図9.1.は第8章でも紹介したテキストマイニングによる分析結果で、それぞれの話者が会議中に話した特徴的な語を抽出している。例えば、図9.1.の左側に実務者Aが表示されているが、この近くに位置している言葉として「事業」「場」「人」などがあり、実務者Aはこれらの単語を会議でたくさん話していたことが分かる。同様に研究者Aは「研究」「評価」といった単語を多く使っていたことが分かる。実務者A、B、そして研究者Aがこの図の中で左、右上、右下とそれぞれ離れたところに表記されていることから、これら3名が会話中に使用していた言葉の内容は共通したものが少ないことが分かる。メンバーがよく使っていた言葉をこのように視覚化すると、それぞれが考えていたことや大事にしていたことが見えてくる。第二回会議では、この結果、つまり第一回会議におけるそれぞれの発言内容（多く使われた言葉）やその特徴についてメンバー内で共有し、お互いの考えていることについて理解を深めた。

　本プロジェクトのゴールは、プロジェクトメンバー同士でお互いが考えていることや大切にしていることを共有するだけでなく、それらを踏まえてプログラム内容に改善を加えることであった。そこで、次のステップとして、それぞれが考える同環境教育イベントの短期・中期・長期的ゴールを作成した（表9.1.）。これは会議を重ね、

**図9.1. テキストマイニング（対応分析）より明らかになった会議中に
プロジェクトメンバーが話した特徴的な言葉**

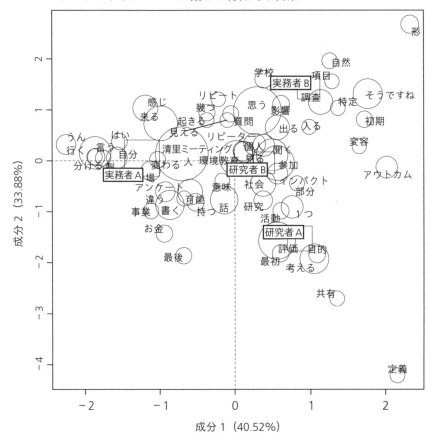

出所：桜井良・鴨川光・川嶋直・中村和彦. 2020. 環境教育プログラムの評価における内部評価と外部評価の併用の可能性：清里ミーティングに関する実務者と研究者との協働事例をもとに. 環境教育 29（3）: 21-31.

プロジェクトメンバー間である程度議論を深めたうえで作成したものであったが、表9.1.を見るとメンバー間で、さらにイベント運営に携わる実務者同士でも目指しているゴールに若干の違いがあることが分かる。複数名の関係者が運営・実施に携わる環境教育プログラムであればメンバー間でプログラムにかける思いや描く目標に違いがあることは当然かもしれない。例えば、ある市役所が市民向けに行っている環境教育講座（毎月行われる継続講座、1年で12回）があったとする。この継続講座が目指す目標として市が掲げる大まかなゴール（例：市民の環境意識の向上）はあるかもしれないが、実際に12回の講座を受けて参加者に知ってもらいたい知識、身につけてもらいたいスキルや実践してほしい行動内容は、それぞれの会の講座担当者・講演者によって、さらに市の担当職員で考え方にずれが生じているかもしれない。この場合、この環境教育講座の評価をする際、何をどのように評価するべきかという点において、講座担当者や市の担当者で意見が異なってくるだろう。

　実際、表9.1.を見ると、プログラムの短期的ゴールとして実務者Bは参加者が「手法やアクティビティを試してみる」ことを掲げており、これを評価するためには実際の行動の変化（例：アクティビティの実施の有無）を調べる必要がありそうだ。一方で実務者Aが記した短期的ゴールは「（読みたい本や行きたい所を）リストアップ」することで、実務者Bほど大きな行動の変化は考えていないようだ。また、研究者A及びBが短期的ゴールに掲げているのは「意識の変化」や「（新しい環境教育を）知る」ことで、必ずしも行動変化までは求めていない。それぞれが考えているゴールの内容が異な

るため、それを検証するための評価手法や内容も様々になってしまう。多様な意見があることはよいことだが、評価をするうえでは何を評価するのか狙いを定める必要がある。また、環境教育プログラムを実施しているそもそものゴールについて関係者間で考え方が異

表9.1. プロジェクトメンバー4名それぞれが作成した
環境教育プログラムのゴール

	短期的ゴール	中期的ゴール	長期的ゴール
実務者A	**帰宅後〜1か月** 清里ミーティングの参加者が 読みたい本/行きたい所/会いたい人/参加したいイベントをリストアップする	**1か月〜1年** 清里ミーティングの参加者が ・リストアップしたことを実践する ・自分の暮らし/仕事/生活を組み立て設計をし始める ・具体的なアクションをいくつか始めている	**1〜2年後** 清里ミーティングの参加者の 暮らし/仕事/生活に何らかの変化がある→SD（持続可能な発展）が始まっている
実務者B	**3か月後** 清里ミーティングの参加者が ・清里ミーティングの内容を周りの人に共有する ・次年度の計画に学んだことを反映する ・清里ミーティングで出会った人と個人的なつながりを持つ ・清里ミーティングで学んだ手法やアクティビティを試してみる	**1年後** ・清里ミーティングに再び参加する ・自分の活動を発信する	**3年後** 清里ミーティングの参加者が ・国内/世界の環境教育、最新情報を自ら取りに行く ・参加者同士のネットワークを構築する ・互いの活動を共有し、意識を高めていく

	清里ミーティングの期間中（3日間）	清里ミーティング後～半年	半年～2、3年
研究者A	清里ミーティングの参加者が • 最新の環境教育情報を共有する • 参加者同士のネットワークを構築する • それぞれの活動を理解し、理念や意識を共有する • 意識を変化させる（例：「やってやろう」「今のままではだめだ」）	清里ミーティングの参加者が • それぞれの職場での新たな活動を実践する • 仕事/趣味を含め、行動の変化（新たなプログラムを考えたり企画するなど）を起こす • 周りの小さなコミュニティで想いを伝播していく	清里ミーティングの参加者が • 新たな組織を立ち上げる（自然学校の創設など） • 清里ミーティングに再度参加する際にワークショップを企画するなど、情報提供をする側になる **4年～30年** • 清里ミーティングをもとに生まれた組織、活動、ネットワークが社会に変化をもたらす • 清里ミーティングの参加者が人生を振り返り清里ミーティングが良いきっかけとなったと感じる
	直後	**1か月～2年**	**3年～**
研究者B	清里ミーティングの参加者が • 今まで知らなかった人と新しいつながりを持つ • 新しい環境教育を知る • 理念や意識を共有する	清里ミーティングの参加者が • 協働して環境教育プログラムを実施する • 新しいプログラムを実施する • すでにやっていた活動/プログラムを改良する	• 全国で環境教育機会が増加する • 全国で環境教育の多様性が増加する • 全国で環境教育の質が向上する

出所：桜井良・鴨川光・川嶋直・中村和彦. 2020. 環境教育プログラムの評価における内部評価と外部評価の併用の可能性：清里ミーティングに関する実務者と研究者との協働事例をもとに. 環境教育 29(3): 21-31.

なっていると、参加者や外部の人にそのプログラムの意義などを、分かりやすく示すことが難しくなる。新しい担当者が同環境教育プログラムを担う場合にも、そもそものプログラムの狙いや目標があいまいであると引き継ぎが難しくなるだろう。だからこそセオリー評価（第6章）を実施し、プログラムのゴールや目標を改めて明確にすることが重要だ。そこで本プロジェクトではお互いが提示した短期・中期・長期的ゴール（表9.1.）をメンバー間で共有したうえで、最終的にメンバー全員で、さらにメンバー以外の財団職員も含め、納得のいくゴールを作り直した。最終的に完成したゴール（ロジックモデル）が図9.2.である。

　本プロジェクトの成果として作成されたロジックモデル（図9.2.）は、それまで同イベントが掲げていた目標とは異なる内容を含むものになった。すなわち、このプロジェクトが行われる前は「環境教育情報を共有する」「環境教育活動を理解する」といった環境教育に特化したイベントとして宣伝・実施されていたが、同ロジックモデルでは「持続可能な社会を目指した教育」と呼び方が変わり、さらに「具体的なアクションをする」など行動に関する記載がされているのが特徴である。そして、このロジックモデルが完成した年の同イベントでは新たに、

1. 最先端の情報や手法を学ぶ場を提供し、参加者の活動をエンパワメントする。
2. 参加者同士のネットワークを構築し、協働を促進する。
3. 1、2をもって持続可能な社会に向けて行動する人を増やす。
　の三つの目的が明記された。

図9.2. プロジェクトメンバー4名及びイベント運営団体の職員で議論し作成したロジックモデル

インプット	アウトプット	直後の アウトカム （期間中）	初期 アウトカム （直後〜 数か月）	中期 アウトカム （数か月〜 1、2年）	長期 アウトカム （3年〜）
時間： 2泊3日 スタッフ： ・○△□ ボランティア： 大学生 協賛： ・○△□ 後援： ・○△□	参加者数： 200名 実施内容： ・全体会×3 ・ポスターセッション ・情報交換会×2 ・早朝ワークショップ×4 ・対話型ワークショップ×10 ・体験型ワークショップ×15 ・当日募集ワークショップ×8	・最新の持続可能な社会を目指した教育（未来を変える教育）の情報を共有 ・参加者同士のネットワークの構築 ・それぞれの活動を理解し、理念や意識を共有 ・新たなひらめきを生む出会い ・意識の変化	・読みたい本、行きたい所、会いたい人、参加したいイベントなどをリストアップ ・清里ミーティングの内容を周りの人に共有/発信 ・清里ミーティングで出会った人と個人的なつながり(SNS)をもつ ・清里ミーティングで学んだ手法を試してみる ・それぞれの職場での新たな活動の実践	・読みたい本を読み、行きたい所に行き、会いたい人に会い、参加したいイベントに参加する ・自分の暮らし/仕事を設計し、具体的なアクションをする ・清里ミーティングに再度参加し、ワークショップを企画し、自分が情報提供する側になる ・新たな教育プログラムを実施、またはすでにやっていた活動の改良	・自分の暮らし/仕事/生活に何らかの変化があり、SDGsに向けた暮らし/仕事/生活が始まる ・国内外の未来を変える教育に関する最新情報を自ら調べる人が増える ・互いの活動を共有し、意識を高め合っていく ・未来を変える教育の機会/多様性/質が増加 ・参加者が人生を振り返り、清里ミーティングが転機となったと感じる

出所：桜井良・鴨川光・川嶋直・中村和彦. 2020. 環境教育プログラムの評価における内部評価と外部評価の併用の可能性：清里ミーティングに関する実務者と研究者との協働事例をもとに. 環境教育 29(3): 21-31.（企業や団体の名称は伏せている）

さて、本書の第1章で環境教育プログラムの評価の目標の一つがプログラムの内容を改善させることであると述べた。そして本書第6章では環境教育評価において、プログラム実施後の参加者の意識や行動変化といったインパクト評価だけでなく、プログラムのそもそもの目標設定や活動内容を精査するセオリー評価（または事前評価）が重要であることを説明した。本プロジェクトはセオリー評価にあたるもので、実務者と研究者との協働を通して、イベントの目標を新たに作り直し、活動内容も含め、より関係者の思いや社会的ニーズに合ったものへと改善させることを目指した。ロジックモデル（図9.2.）で示されたプログラムのゴールは、一部の実務者はすでに考えていたことかもしれないが、同じプログラムを運営する関係者であっても、思い描くビジョンに違いがあることは本章で示した通りだ。実務者間で考えている方向性が異なるとインパクト評価をする際に何を評価すべきかという点において、意見が割れてしまうだろう。プログラムが目指すゴールやそのために行う活動について共通理解を得るために、実務者はそれらを頭の中で考えるだけでなく、誰もが確認できるように明文化して共有する必要がある。時が経てば、社会情勢や地域の現状も変わっていく。本プロジェクトでは30年近い歴史を持つ環境教育プログラムの評価を試みたが、30年前と現在では直面する社会問題や環境問題の内容も異なる。実際、本プロジェクトでも、関係者間で話し合う中で、30年前に作成した同プログラムの目標や内容（例：環境教育）が現状（持続可能な社会の必要性が以前に増して叫ばれるようになった昨今の情勢）と合わなくなってきていることが明らかになった。

環境教育の評価は、活動の実施後に参加者の意識変化などが調査されることが多い。しかし、本書ですでに述べたように、そもそもその活動が社会や参加者のニーズに合った内容になっているか、関係者が目指すゴールを実現する取り組みになっているかなど、イベントが実施される前に精査すべきことが実は多い。本章で紹介したようなセオリー評価を通して、プログラムのゴール（短期・中期・長期）を定め、またそれを実現するために必要な活動内容を明らかにできる。これによって、実際に思い描いた活動がその後展開できたか、そしてその活動が期待していた効果を参加者や地域コミュニティにもたらしたかという、その後の途中・事後評価、またはプロセス・インパクト評価もよりスムーズに行えるようになるだろう。

COLUMN 5

実務者及び研究者の評価における役割

環境教育の運営をしている実務者の方へ：

　自身が関与しているプログラムの評価をする際に、まずはプログラムのゴールについて、できれば短期・中期・長期目標などを具体的かつ詳細に明文化してみることが、評価の最初のステップとして重要である。環境教育プログラムは本来それを運営している団体（つまり実務者が所属している組織）のこれまでの歴史・文化、さらに組織の存在目的をもとに設計・運営されているべきだろう。そして実施されているプログラムが、組織の存在目的やスタッフの思いをどの程度反映できているのかを把握するためには、まずそれらの

目的や思いを整理して明文化する必要がある。それらの組織の目標やプログラムの意義は、スタッフや他の関係者が暗黙知として日々感じているものの、明文化はされていないかもしれない。組織の存在意義やプログラムの目指す方向性を改めて整理し、まとめる作業は一人で行うには骨の折れる作業だ。一緒にプログラムを運営している同僚・仲間と取り組めたらよいし、環境教育の評価を卒業論文として取り組みたいと考えている大学生、大学院生、または研究として取り組みたいと考えている大学教員や研究者に声をかけてみてもよいかもしれない。いろいろな人と話したり協働したりするそのプロセスそのものが、プログラムの発展、さらにはプログラムを実施している組織の発展にも貢献することだろう。著者自身も、本章で紹介した実務者と研究者が協働するアクションリサーチを通して、環境教育プログラムの改善のためにメンバー間で観察・考察を繰り返すプロセスが重要であると学んだ。

環境教育プログラムの評価に携わりたいと考えている研究者や外部者の方へ：

　例えば大学院生や研究者が、自身の研究として、ある環境教育プログラムの評価をすることになったとする。外部の人間が特定のプログラムについて評価をしようとする際、これは一般的に外部評価となる。参加者へのアンケート調査などを通して必要なデータを集めることができるかもしれないし、分析結果をもとに何らかのプログラム改善に向けた提案をすることもできるかもしれない。しかし、現実問題として実際にその調査結果をプログラムの改善に活かすか

どうかは、プログラム運営者や実務者が決めることだ。つまり、その調査をもとにプログラムの内容に変化が起きるかどうかは、実務者次第。研究者にとっては、学術的に適切な手法を用い調査をして、その結果を研究論文にまとめたり、その成果を学会などで発表したりすることが重要なゴールであることが多いだろう。しかし、環境教育プログラムの評価に携わる限り、その研究結果がどのように実際のプログラム改善に活かされたのか（または活かされなかったのか）まで見届ける義務があるだろう。そして、学術的な研究の結果を少しでも実際のプログラム改善に活かしたいのであれば、実務者にとって使い勝手のよい結果を提供するための工夫も必要だ。そのためには研究の構想段階から実務者と連携・協働し、綿密なコミュニケーションのもとで、彼ら彼女らのプログラムに対する思いや実務上の課題を把握することができたらよい。それらの情報こそ、学術的かつ社会的にも意義のある研究を設計し、実施するために重要となってくる。是非プログラム評価の研究を練る段階から、プログラム実務者と連携し、寄り添いながら研究計画を立てることをおすすめする。

●参考文献 ···

1) 桜井良・鴨川光・川嶋直・中村和彦. 2020. 環境教育プログラムの評価における内部評価と外部評価の併用の可能性：清里ミーティングに関する実務者と研究者との協働事例をもとに. 環境教育 29(3): 21-31.
2) 杉万俊夫. 2006. 質的方法の先鋭化とアクションリサーチ. 心理学評論 49 (3): 551-561.
3) 箕浦康子. 2009.『フィールドワークの技法と実際 II －分析・解釈編－』. ミネルヴァ書房. 京都. 269pp.

第10章

ケーススタディⅡ
多様な手法を併用した
評価の例：
中学校における
海洋学習の
評価事例より

10.1. 評価研究の始まり：参与観察

　環境教育プログラムを評価する手法は多様である。そのため、ど
の手法を使うか迷うこともあるかもしれないが、複数のアプローチ
によりプログラムの効果を明らかにできればより重層的に、そして
多角的にそのプログラムの意義が分かることは事実だ。本章では、
瀬戸内海の沿岸域で行われている海洋学習の評価研究について紹介
する。

　調査を実施したのは海から徒歩数分程度に位置する岡山県備前市
の中学校だ。同中学校では過去に学校行事として遠泳や、海での運
動会が行われており、もともと生徒にとって海は身近な存在だった。
しかし全国で海難事故が発生したり、海の危険性が人々に認知され
るようになる中で、子供を海で遊ばせる親の数は減少傾向にあると
言われている。同中学校が位置する瀬戸内海沿岸域でも、子供たち
にとって水泳は学校にあるプールで行うことが通例となり、海は泳
ぐ場所ではなくなったようだ。また海と陸地との境に護岸ができた
ことで、海に対する心理的な距離も生まれ、多くの子供たちにとっ
て海は眺めるだけのものになった。海のすぐ近くに位置する同中学
校に通う生徒は大半が沿岸域に住んでいるものの、彼ら彼女らにと
って海は必ずしも親しみのある場所ではなくなってしまったのだ。

　そのような中で、生徒に少しでも地元の海について知ってもらい
たい、という地域の漁業協同組合（漁協）や教員の思いから、2000
年代より漁協と連携して地元の海について学ぶ海洋学習が行われる
ようになった。当初はカキの養殖体験などの特定の作業のみ生徒が

携わる活動であったが、その後この取り組みは海に関する様々な体験学習を行うプログラムへと発展してきた。現在では、総合的な学習の時間を用い、生徒が中学入学から卒業まで3年間にわたって、流れ藻（アマモ：海藻の一種）の回収と播種（アマモを増やすことで多くの魚の生息地となるアマモ場を再生させる取り組み）、漁師への聞き書き学習、カキの種付けと収穫など、多様な体験学習が行われている。

　一般の公立中学校でありながら、精力的に海洋学習に取り組んでいること、さらに地元の漁師との連携で活動が行われているという点で、同中学校のプログラムは珍しい事例だ。ではこの海洋学習プログラムは生徒にどのような影響を及ぼしているのだろうか。環境教育評価研究の出番だ。本書で紹介してきた多様な調査アプローチの中で、最も簡単なのはこのプログラムを受ける前後における生徒の意識変化を調べることかもしれない。アンケート調査をすることで、生徒の活動に参加する前後の意識や知識の差を数量的に示し、なおかつ統計解析によりその変化が有意なものかどうかを明らかにできるだろう。研究仮説は「海洋学習を受ける前は生徒の海に関する知識は限られており、一方で海洋学習を受けた後は知識量が増える」というもの、さらに「海洋学習を受けた後に生徒の海を守りたいと思う意識が芽生える」というようなものになるだろうか。これらを明らかにするためには、事前事後アンケートさえ実施できれば、その結果をもとに報告書でも研究論文でも書けそうだ。

　しかし、初めて同中学校を訪問し、海洋学習プログラムを観察し、また授業を行ってきた教員や漁師と話す中で、著者はアンケートに

よる事前事後調査の前に行わなければいけないことがあると思うようになった。仮に生徒に対するアンケート調査を実施することになったとしても、質問票で何を実際に聞くのか、どのような項目を設けるかを考えるためには、まずは調査者／評価者が実際行われている活動がどのようなものかをしっかりと理解する必要がある。例えば海洋学習の際に漁師はどのような表情で生徒と接しているのか、どのような言葉で生徒に語りかけているのか、それに対して生徒がどのようなリアクションをしているのか。そして漁師の船に乗り大海原に出て流れ藻の回収などの作業をする時、生徒同士はどのようなことを話し合っているのか。

　一般的な研究のプロセスは、これまで国内外でどのような関連する調査がされてきたのか、先行研究を調べることから始まる。海洋学習の評価に関する研究であれば、まずこれまで国内外でどのような海洋学習プログラムが行われ、それによりどのような効果があったのかを整理して、一定の傾向や特徴をつかみ、それを踏まえて自身の研究内容や意義を明らかにし、研究仮説などを構築できたらよいだろう。しかし、おそらくどのような先行研究を見ても、この瀬戸内海で行われている同中学校のプログラムにおいて生徒がどのような表情でどのようなことを考えながら、活動に取り組んでいるのか、さらにそれを踏まえてどのようなアンケート項目を作ったらよいのか、直接的な答えを与えてくれる文献は存在しないだろう。この中学校で行われているものと全く同じプログラムは世の中に存在しないわけだし、先行研究では明らかにされていない、または考慮すらされてこなかった何か独特の効果が、同中学校で海洋学習を受

けた生徒には表れている可能性もある。

　本プロジェクトで著者が最初に行ったことは、シンプルで、実際に行われている様々な海洋学習に生徒と一緒に参加することであった。評価者自身がプログラム受講者（生徒）と一緒になって流れ藻の回収をしたり、カキの洗浄をしたり、聞き書き学習に同行したわけで（図10.1.、10.2.）、これは手法としては第7章で紹介した参与観察に近かった。一年間にわたって様々な活動に参加することで、例えば活動中は生徒も漁師も生き生きとした表情でともに流れ藻の回収などに励んでいること、生徒は漁師と一緒に活動をしていく中で、

図10.1.
海洋学習として漁師の船に乗り、海に出る生徒たち。著者も参与観察として生徒とともに活動に取り組んだ。

図 10.2.
海洋学習の一環で流れ藻（海面に漂うアマモ）を回収する生徒たち。

　漁師と親しくなり、一方で漁師も生徒と関わることが生きがいになっていることなどが見て取れた。活動を通して海に関わることで、そして漁師を含めた地元の人と触れ合うことで、生徒にとって海が身近なものになっていき、海の問題が自分の問題、自分事となっていくのではないか。活動の参与観察を通して、また活動の合間に漁師や中学校の教員と話す中で、著者自身がこの海洋学習が生徒に与える効果についてイメージできるようになり、具体的かつ現実的な研究仮説が作れるようになった。

　本章の冒頭で述べた通り、評価研究を行ううえで、より簡単にデ

ータを取りたいのであれば、例えば事前に用意した質問票をもとに
アンケート調査などができれば、何らかの結果はすぐに得られるだ
ろう。本書で紹介した社会心理学理論に沿った項目を準備し、調査
を実施すれば先行研究で明らかになっている要因間の関連性につい
て検証でき、その内容を踏まえ、論文が書けるかもしれない。しか
し、事前に準備したアンケートの結果が、または特定の社会心理学
理論を実証した結果が、プログラムを行っている実務者にとって役
に立つ情報かといえば、必ずしもそうではない。研究者や外部者が
事前に考えたような項目は現場の問題とかけ離れた机上の空論であ
る可能性もある。プログラムの改善に活かすことができるデータを
得るためには、先行研究や学術理論をもとに事前に作成した尺度や
項目を一度わきに置き、現場で起きていることを、そして現場で起
きている問題についてまずは理解することが重要だろう。そのため
には、現場の関係者（環境教育の評価であれば環境教育プログラム
の運営者やプログラム参加者など）の様子を観察し、話を聞き、そ
のプログラムの特性について理解を深める必要があるだろう。研究
者が行う研究の多くは、（研究者本人は現場の役に立つ研究を志向
していると考えていても）実際はほとんど現場の役に立っていない
と批判されることもある。環境教育プログラムの評価の目的が、プ
ログラムを改善させることであれば、まず我々がすべきことは、じ
っくり時間をかけ、現場の関係者と話し合いながら、またプログラ
ムの様子を観察しながら、現場で起きていることについて理解を深
めることだろう。このプロセスそのものがプログラム運営者や関係
者との信頼関係を築くうえでも大切であるし、現場の人間も時間を

かけて信頼関係を築いた相手にこそ、現場のニーズや課題など、本音を伝えようと思うのではないか。

10.2. 2年目：生徒への聞き取り調査

　前節で述べた通り、本研究の初年度は海洋学習プログラムの参与観察や中学校の教員や漁協関係者への聞き取りから、まず現場を理解することに努めた。そしてこれらを踏まえ、同プログラムの評価をするためにまずすべきことは、海洋学習を日々受けている各生徒の生の声にじっくりと耳を傾けることだと考えた。本プログラムが生徒に与える効果や影響は、おそらく研究者（著者）が思い付くもの以外にも多様に存在しそうだと感じたからだ。あらかじめ評価者／研究者が考えてきた質問項目にだけ、「1. そう思わない」から「5. そう思う」のいわゆる5段階で答えてもらうような（リッカート尺度による）調査では、プログラムの効果の全容を把握することはできないと感じた。同時に、中学校の教員と話す中で、教員もまずは研究者であり評価者である著者に対して、生徒一人一人と向き合い、話を聞いてほしいと望んでいることが理解できた。日々生徒と接している教員ではなく、外部の人間である評価者（著者）だからこそ生徒に聞けることもあり、学校関係者では想像しなかったような、生徒がこのプログラムに対して感じている多様な意識・考え方を調べてほしいといった教員からの期待を感じた。そのための調査手法として、まず生徒一人一人にじっくりと聞き取り調査をすることが適当であるということで教員も著者も考えが一致した。

聞き取り項目については中学校の教員とも相談しながら、生徒が思う存分自由に話せるようなものを作成した。それらは「地元への思い」「地元の海の印象」「海洋学習を受けた感想」など、生徒が普段から考えている、または感じていると予想されるものである。聞き取りの間は、生徒が話したいことを好きなだけ話せるよう促し（たとえ話が脱線しても無理に話を止めることはせず）、またそれを可能とするための雰囲気づくりを心がけた。事前に大まかな質問項目を用意しつつ、インフォーマント（回答者）に自由に好きなだけ話してもらい、その回答内容や生徒の様子次第で質問の順番も柔軟に変更した。したがって調査方法としては第7章で紹介した「半構造化インタビュー」となった。また、分析方法はグラウンデッド・セオリー（特定の理論にのっとって調査をするのではなく、得られたデータから何が解釈できるのかを考察する）の考え方に準拠し、事前に特定の仮説などは用意せず、聞き取りの結果を見ながら、どのような解釈ができるのかを考察した。

　聞き取りは著者以外に2名の研究者に協力してもらい、3名で手分けして合計108名の生徒（中学1、2、3年生：各学年36名ずつ）に行った。その結果、海洋学習を受けた感想としては、率直に「大変だった」といった回答が多かった一方で、「漁師に感謝を感じるようになった」など、海洋学習を通して交流した漁師に対する思いを口にする生徒が多いことが分かった[1]（表10.1.）。海洋学習を受けることで生徒の海に関する理解が深まり、生徒が海を守ることの大切さに気づくのではないかと事前に著者は考えていた。確かにそのような回答をする生徒は多かったが、一方で漁師への感謝を口にし

表 10.1. 海洋学習を受けた前後での海や地域に対する考え方の変化

2年生	3年生
「海を大切にしたいと思うようになった」 「海に関心を持った」 「以前は海について特に考えなかったが、活動を通じて考えるようになった」 「アマモの大切さがわかった」 　：各2名 「海をきれいにしたいと思うようになった」 「（カキを食べるときに）漁師に感謝を感じるようになった」 「海は放っておいたら汚くなる一方だが、自分たちが動いたら地元の海が再生すると知った」 「アマモの活動をこれからもどんどん続けたいと思った」 「ゴミを捨てないようになった」 「ボランティアを積極的に行おうと思った」 「漁師の大変さが分かった」 「海のためにできることがあれば取り組みたいと思うようになった」 「海についてもっと勉強したいと思うようになった」 「海のこと（歴史やアマモの減少など）を学んだ」 　：各1名	「小学生の頃は海について考えなかったが、中学生になって海（漁師のこと、アマモのことなど）について深く知り、海を見る目が変わった」 　：5名 「以前はゴミを海に捨てていたが、海の大切さがわかったので、ゴミを捨てないようになった」 　：3名 「漁師に感謝を感じ、魚を大事に食べるようになった」 「他の地域（都市など）にいる人にも自然に触れてもらって、大切にしてほしいと思うようになった」 　：各2名 「前は海はどうでもよいと思っていたが学習した後は、海を大切にしようと思うようになった」 「学習した後は自分が海を守る番だと思うようになった」 「海の大切さを家族に伝えるようになった」 「魚を有難いと思いながら食べるようになった」 「中学生になってこの自然を未来に残そうという気持ちが出てきた」 「漁師が優しいことに気づいた」 　：各1名

出所：桜井良. 2018. 里海を題材とした中学生への海洋プログラムの教育効果. 環境教育 28 (1): 12-22.

たり、「魚をおいしいと感じるようになった」と回答していた生徒も多かったことには驚いた。これは事前に質問項目と回答形式まで決めて行う一般的なアンケート調査ではなく、聞き取り調査であったからこそ、さらに生徒に自由に話してもらう半構造化インタビューの手法にのっとって行われたからこそ明らかになったことであり、まさに評価者が想定していなかったプログラムの効果であった。また同中学校の生徒は大半が沿岸域に住んでいるものの、1年生は地元の海に親しみや親近感を持っている生徒が少ないこと、その理由として海が眺めるだけのものになっていること、一方で3年生の多くは海に親しみを感じており、海洋学習を通して海で様々な活動をしたことがきっかけで意識が変化したことなどが分かった[2]（図10.3.）。

図10.3. 学年ごとの地元の海に対する意識：
1年生、2年生、そして3年生と学年を経るにつれ、地元の海に親しみを感じる生徒が多くなることが分かる。

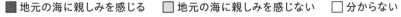

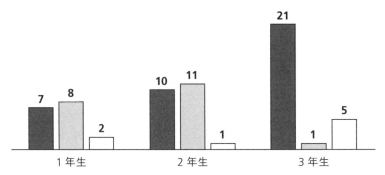

出所：Sakurai, R., Uehara, T., & Yoshioka, T. 2019. Students' perceptions of a marine education program at a junior high school in Japan with a specific focus on Satoumi. Environmental Education Research 25（2）：222-237.をもとに著者作成

海洋学習のゴールの一つが、生徒の海を守っていこうとする意欲を促すことであったが、聞き取りから2、3年生を中心に「地元の海を守っていこうと思うようになった」と答えている生徒が多いことが分かった。そしてその理由については、単純に海に関する知識が増えたからというだけでなく、同プログラムが定期的に海で活動し、漁師を含め地元の人々と交流を続ける、いわゆる体験学習であったからこそ、生徒が海や地元への愛着を深め、これが生徒の意識変化に影響を与えたことが生徒の語りにより理解できた。聞き取りにおいて、生徒一人一人が生き生きと海や地元の漁師のことについて話している様子を見ながら、著者自身、現場で起きている効果について理解を深めていった。

10.3. 追跡聞き取り調査と教員／保護者へのアンケート

　先述の聞き取り調査により、生徒が感じている海洋学習や地元の海への思い、そして学年を経ることで生徒の考え方が変わっていく可能性があることが分かった。しかし、個々の生徒の意識や行動の変化を把握するためには、活動前後の調査をすることも必要になってくる。本章の冒頭でも述べた、いわゆる事前事後調査だ。厳密には中学生が海洋学習を受ける前、つまり中学校入学前に事前調査をすることが望ましいが、実際の教育現場ではそのような事前調査の機会を設けることが難しいことも多い。本評価プロジェクトでは次のステップとして、全学年への一斉聞き取り調査の際に1年生だった生徒に、継続して聞き取り調査をすることにした。具体的には1

年生の最初の学期（4月）に聞き取りをした同じ生徒に、中学生活の終盤である3年生の11月に再度聞き取りをした。表10.2.は聞き取りの際に生徒がよく口にした単語を示すもので、本書の第8章で紹介したテキストマイニングによる分析の結果だ。この表より、1年生の4月の時点では「『お父さん』と『釣り』に行く」や、「ゴミを海に『捨てる』」ことがあるといったことを生徒が話していることが分かり、3年生になると「アマモ」や「カキ」など海洋学習で学んだ内容について多くの生徒が話すようになること、さらに「漁師」についても話している様子が分かる。同じ地元の海について1年生の時は多くが「汚い」と話していたが、3年次には「きれい」または「きれいになっている途中」などと真逆の考え方を持つようになっている。3年生になると、地元（「日生」）が「好き」などポジティブな言葉が多くなっていることも特徴である。つまり前節で説明した、全学年の生徒への聞き取りを踏まえ推測した「学年を経るごとに生徒の地元の海への意識が高まり、地元や海が好きになる」という仮説が正しいことが、個々の生徒の意識変化を追った継続調査から分かった[3]。

　中学生に聞き取りをして彼ら彼女ら自身に海洋学習を受けて感じたことを語ってもらうことで、プログラムの効果が見えてきた。ではこの海洋学習は、中学生以外の他の関係者にも何らかの影響をもたらしているのだろうか。先行研究では、子供たちに教育をすると、生徒は家に帰ってから授業で学んだことや体験したことを保護者に伝えることが多いため、その内容について結果的に保護者も含めた家族全員の知識が増えたり、意識が高まることが分かっている[4, 5]。

つまり学校で生徒に教育を施すことは、家族、そして地域コミュニティに何らかの波及効果を生む可能性がある。

　では海洋学習をしているこの中学校の場合はどうであろう。著者

表10.2.　同じ生徒たちの1年次と3年次の海に対する意識の違い

　最も頻繁に使われた言葉

順位	1年次（2016年4月）			3年次（2018年11月）		
	抽出語	出現回数	Jaccard	抽出語	出現回数	Jaccard
1	行く	60	0.030	海	114	0.100
2	見る	43	0.022	アマモ	78	0.073
3	汚い	36	0.018	思う	70	0.065
4	違う	30	0.015	魚	61	0.055
5	お父さん	27	0.014	人	58	0.053
6	捨てる	27	0.014	日生	48	0.045
7	泳ぐ	25	0.013	きれい	47	0.044
8	余り	21	0.011	カキ	41	0.037
9	拾う	21	0.011	漁師	35	0.033
10	出る	17	0.009	好き	30	0.028
11	釣り	17	0.009	自分	29	0.028
12	多分	16	0.008	言う	29	0.027
13	釣る	15	0.008	今	24	0.023
14	近い	15	0.008	感じる	23	0.022
15	行う	15	0.008	海洋学習	22	0.021

出所：Sakurai, R., & Uehara, T. 2020. Effectiveness of a marine conservation education program in Okayama, Japan. Conservation Science and Practice. DOI: 10.1111/csp2.167 をもとに著者作成

が継続して聞き取りをしてきた3年生の保護者を対象にアンケートをしたところ、興味深いことが分かった。家で生徒が海洋学習で学んだことを話している家庭ほど、保護者の地域の海に関する知識や海を保全することに対する意欲が高かったのだ[3]。実際、保護者の自由記述を読むと、「子供が学校で学んできたことを家で話してくれて、現地のことがよく分かった」といった回答も寄せられ、海洋学習の内容を家で話している生徒の保護者は海洋学習を好意的に受け止め、今後も続けてほしいと思っていることも分かった。これは実際に海洋学習を学校のカリキュラムとして行っている教員（つまり実務者）にとっては励みになる結果であった。環境教育プログラムの評価とは、第1章で述べた通り、「同プログラムを今後も続けてよいのか」「同プログラムが今後も続けるに値する成果を出しているのか」について、判断を加えることである。本研究から、海洋学習を通して中学生の意識に変化が起きており、さらに保護者も同プログラムに好意的な印象を持っていることが分かり、まさに中学校の教員（実務者）がこのプログラムを続けることがよいのだと思えるデータを提供できた。

　一方で、環境教育プログラムの評価をするうえで、プログラムの受講生や参加者だけでなく、プログラムを行っている実務者・運営者から情報を得ることも重要だ。前章で説明した通り、実務者側の考え方やプログラムに対する思いを把握することは、そのプログラムが目的を達成するために適切な内容になっているかを判断するための、いわゆるセオリー評価、あるいはプロセス評価（いずれも第6章で説明）につながる。この海洋学習において運営側である中学

校の教員にもアンケートを行ったところ、「本プログラムがあるから中学校が地域と密に関われる」「このプログラムを通して自分自身がこの地域のことを学んだ」「海洋学習こそがこの学校の中心的カリキュラムである」といった回答が多く寄せられた。一方で、どんな環境教育プログラムにおいても課題はある。同海洋学習においても、「（同プログラムを行ううえで）かなりの時間と労力をかけて準備をする必要がある」「他の科目とのつながりを教員自身が明確に理解・共有できるようにする必要がある」などと回答していた教員もおり、また保護者の中からも「海洋学習に力を入れすぎて他の教科がおろそかになってしまっていないか少し心配」などの答えがあり、関係者が感じる同プログラムの課題や懸念点が調査から明らかになった。プログラムに関係する多様な関係者からフィードバックを得て、多角的にそのプログラムの効果を明らかにすることは360度フィードバック[4]と呼ばれている。同海洋学習を評価するうえで、プログラムの受講者（中学生）、保護者、教員だけでなく、今後は現場で指導をしている漁師、プログラムを見守る地域の住民、さらに地域の教育委員会など、多様な関係者に聞き取りをすることで、同プログラムの地域における意義や効果をより深く立体的に明らかにできるだろう。

10.4. 全校生徒へのアンケートの結果と生徒が描いた絵の分析

これまで本章で紹介してきたものは、生徒への聞き取り調査や、一部の生徒や保護者、そして教員に行ったアンケートの結果である。

同中学校に調査で入らせてもらうようになってから4年目に、一連の研究の集大成として行ったのが全校生徒を対象としたアンケート調査であった[6]。それまでの3年間の聞き取りや参与観察の結果を踏まえ、本プログラムが生徒にどのような効果をもたらしているのか、大まかな仮説を立てられるようになったが、それを実証するためには総仕上げとして全校生徒への意識調査及び数量的分析が必要と感じた。そこで、中学校の教員と一緒になって共同でアンケート票を作成した。できあがったアンケート票は質問項目がおよそ80問に及ぶ膨大な量になり、著者は率直に言ってもっと質問数を減らし、回答する中学生の負担を減らすべきと感じた。しかしアンケートを一緒に作成した教員の方から、およそ80の全ての項目を聞くことで、生徒の意識をしっかりと明らかにしたいと強い希望があり、中学校の授業の1コマをフルに利用させてもらい、授業の一環として全校生徒がこのアンケートに取り組むことになった。

　研究者としては、できる限りたくさんの質問項目を設け、多角的に、網羅的にプログラムの効果を明らかにしたいと考えるものかもしれない。一方で、実務者からすれば受講生や参加者の負担を少しでも減らしたいので、アンケートはできる限り短いものにしてもらいたいと考えるのは当然のことだ。今回は若干逆の現象が起きており、研究者（著者）は項目数を減らしたほうがよいのではと考え、実務者（教員）がむしろたくさんの項目を盛り込みたいと考えていた。研究者と実務者が共同研究として、4年程度に及ぶ長期的な協働を重ねてきたからこそ、外部者である著者を信用してもらい、信頼関係が構築できたと感じた。その結果、全校生徒へのアンケート

を実施することに賛同してもらえただけでなく、考案した全ての項目を含めたアンケートを実施することになった。このことが著者は素直に嬉しかった。

　質問項目は基本的には5段階のリッカート尺度で回答するもので、生徒の意識を数量的に理解することを試みた。一方でリッカート尺度による項目だけでは抽出できない、生徒それぞれが持つ多様な考え方もあるだろう。アンケートではリッカート尺度による項目だけでなく、生徒に海に関して自由に説明してもらう自由記述や、生徒に理想的な海を絵として描写してもらう項目も設けた。

　結果、まずリッカート尺度による数量的な分析により生徒の地元の海を守ろうとする保全意欲に影響を与えているものが、「地域や地元の海への興味関心」「海や漁業に対する知識」「地域や地元の海への愛着」の三つの要素だということが分かった（図10.4：左のモデル）。海洋学習を通して地元の海について学び、また定期的に地元の海で活動することで地域への愛着も深め、海に対する関心を持つようになることで、生徒は地元の海を今後も守っていこうとする意欲を持つようになる。そのことを定量的に示すことができた。同時に、海洋学習を通して漁師も含め地域住民などの多様な関係者と関わること（多様な人とのつながりを持つこと）は、生徒が今後の人生を前向きに生きていこうとする意識の芽生えにも影響を与えていることが分かった（図10.4：右のモデル）。このモデルでは自己肯定感（ありのままの自分を肯定し、好意的に受け止めることができる感覚）も将来へのビジョンに影響を与えていた。生徒への聞き取りやアンケートの自由記述からは、海洋学習で様々な活動をしてい

図10.4.
全校生徒へのアンケート調査から、生徒の地元の海への関心や知識、そして愛着が高まると海の保全意欲が高まること、さらに海洋学習を通して人とのつながりを深め自己肯定感を高めると、将来に対する肯定的なビジョンが持てることが分かった。

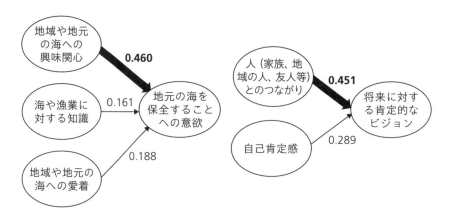

出所：桜井良・上原拓郎・近藤賢・藤田孝志. 2022. 海洋学習が行われている中学校の生徒の海に対する態度と保全意欲：自由記述や絵の描写も含めた比較調査より. 保全生態学研究 27: 181-195.

る時に、漁師などに褒められることも多く、それが嬉しかったと回答している者が少なからずいることが分かった。つまり海洋学習などの取り組みを通して、生徒は様々な関係者と交流・協働することで、他人に認められる経験を重ね、自身の存在意義を感じるようになり、自己肯定感が強まる可能性があること、そしてそれが今後も前向きに人生を歩もうと思う原動力となっていることが明らかになった。

　もう一つ分かったことが、学年によって生徒の海への知識、意識、保全意欲などに有意な差は見られないということだった。先に紹介

した全学年の生徒を対象とした聞き取り調査や同じ生徒に行った継続聞き取り調査からは、学年を経るごとに、つまり海洋学習を長く受講するほど、海に対する保全意欲が深まることが明らかになっていたにもかかわらずだ。「学年ごとに生徒の海に対する意識が異なる」という仮説は、全校生徒へのアンケートからは立証されなかった。しかし、研究とはそもそも調査者が立てた仮説が正しいのか、または間違っているのかを検証するために行うもので、評価も同様に実務者や評価者があらかじめ想定していた効果が表れているのか、または実はそのような効果は存在しないのかを知るために行われるものだ。評価者にとって予想外の結果を得ること自体が評価をすることの意義ともいえる。そして予想外の結果が出た時は特に慎重にその結果の解釈を試みるべきだろう。

　全学年の生徒を対象とした聞き取りと全校生徒へのアンケートの結果が異なった理由は、調査の実施時期が影響しているかもしれない。聞き取りを実施したのは4月で、1年生はまだ海洋学習を受けていない時期であった。一方で、アンケートを実施したのは12月で、1年生も半年以上、海洋学習を体験した後であった。そのため1年生も海洋学習を通してすっかり地元の海への理解を深め、海を守ろうとする保全意欲も高め、アンケートでは高学年の生徒とあまり変わらない数値となって表れた可能性がある。

　プログラムの潜在的な効果をより多角的に把握するためには、複数の手法を用い、様々なデータから分析することが有意義である。この全校生徒アンケートでは、リッカート尺度による質問項目とともに、生徒が地元の海へのそれぞれの思いなどを書く自由回答の質

表10.3. 生徒の自由回答記述の内容：

学年ごとに特に多く記述された単語が上位に表示されている。

	1年生			2年生			3年生		
	単語	頻度と共起	Jaccard	単語	頻度と共起	Jaccard	単語	頻度と共起	Jaccard
1	拾う	27 (0.711)	0.303	再生活動	14 (0.368)	0.304	アマモ	28 (0.509)	0.301
2	きれい	16 (0.421)	0.232	アマモ	24 (0.632)	0.300	捨てる	23 (0.418)	0.288
3	海	16 (0.421)	0.232	拾う	24 (0.632)	0.261	日生	17 (0.309)	0.230
4	浮く	15 (0.395)	0.227	参加	16 (0.421)	0.239	ボランティア活動	13 (0.236)	0.181
5	汚い	11 (0.289)	0.212	捨てる	16 (0.421)	0.229	伝える	9 (0.164)	0.150
6	参加	14 (0.368)	0.203	ポイ捨て	12 (0.316)	0.218	多い	10 (0.182)	0.149
7	良い	9 (0.237)	0.173	少し	11 (0.289)	0.216	増える	9 (0.164)	0.141
8	減る	7 (0.184)	0.171	日生	11 (0.289)	0.175	アピール	8 (0.145)	0.136
9	活動	8 (0.211)	0.170	増える	7 (0.184)	0.143	大切	6 (0.109)	0.107
10	ボランティア活動	9 (0.237)	0.153	呼びかける	6 (0.158)	0.136	昔	6 (0.109)	0.100
11	人	7 (0.184)	0.132	魚	7 (0.184)	0.127	流れ藻	6 (0.109)	0.095
12	魚	7 (0.184)	0.127	挨拶	5 (0.132)	0.122	いろいろ	4 (0.073)	0.071
13	地域	4 (0.105)	0.103	知る	5 (0.132)	0.116	ポスター	4 (0.073)	0.071
14	水	4 (0.105)	0.098	流れ藻	5 (0.132)	0.106	人々	3 (0.055)	0.054
15	緑色	4 (0.105)	0.098	町	4 (0.105)	0.103	環境	3 (0.055)	0.053

出所：桜井良・上原拓郎・近藤賢・藤田孝志. 2022. 海洋学習が行われている中学校の生徒の海に対する態度と保全意欲：自由記述や絵の描写も含めた比較調査より. 保全生態研究 27: 181-195.

問項目と、「今の地元の海の様子」と「理想の海の様子」を絵で描写する項目も設けた。結果、それらの自由記述と絵の描写については、リッカート尺度の数量分析の結果と異なり、学年ごとに明確な違いが見られた。まず、自由記述については、1年生は地元の海について「汚い」「緑色」など海の外見的な様子・状況を説明していた一方で、2、3年生になると「アマモ」「再生活動」など海洋学習で学んだ内容について、さらに「呼びかける」「伝える」など具体的な保全行動に関する記述をしていることが分かった（表10.3.）。

　生徒が描写した絵においては学年ごとに大きな差が見られた。1年生は多くが、「今の地元の海の様子」として汚れている海、さらに生物があまりいない海を描いたが（図10.5.の上の絵）、上の学年になると多様な生物が生きる豊かな海の絵を描いた生徒が多かった（図10.6.の上の絵）。中学校の前に広がる同じ海に対する印象が、なぜここまで変わるのだろうか。ここに同海洋学習プログラムが生み出す効果が読み取れるように著者は感じている。海洋学習を受け始めてからまだ日が浅い1年生は、外側から見える海のイメージ、つまり外見的な特徴に目が向いている可能性があり、「海が濁っている」「ゴミが浮いている」ということが印象に残るのかもしれない。海の中にどのような生物がいるのかは外からは見えないため、漠然と「地元の海には生物が少ない」と考えてしまうのかもしれない。しかし、海洋学習プログラムを通して実際に海に出て、漁師との協働作業を通し様々な話を聞き、地元の海について理解を深め、時にはダイバーが撮影した水中映像などを見て、地元の海の中は海藻（アマモなど）が生い茂っていること、そしてそこに多くの生物（魚

図10.5. 1年生が描いた絵の例:
「今の地元の海の絵」ではペットボトルなどゴミが描かれているのに対して、
「豊かな海／理想的な海の絵」ではゴミはなくなり、透き通った海を魚が泳い
でいる様子が描かれている。

⑤以下の□の中に<u>今の日生の海の絵</u>を自由に描いてみてください。
　絵の中に説明文もつけてもらっても構いません。

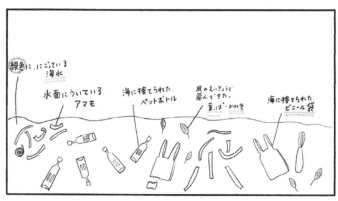

⑥以下の□の中にあなたが考える<u>豊かな海／理想的な海の絵</u>を自由に描いて
　みてください。絵の中に説明文もつけてもらっても構いません。

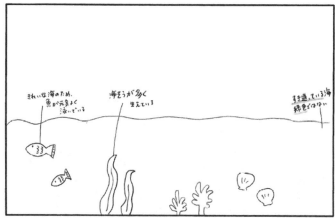

出所:桜井良・上原拓郎・近藤賢・藤田孝志. 2022. 海洋学習が行われている中学校の生徒の
海に対する態度と保全意欲:自由記述や絵の描写も含めた比較調査より. 保全生態学研究 27:
181-195.

図10.6.　3年生が描いた絵の例：
「今の地元の海の絵」においてアマモや多くの魚が描かれており、「今が理想の海である」と説明がされている。「理想の海」は青い海が描かれている。

⑤以下の□の中に<u>今の日生の海の絵</u>を自由に描いてみてください。
　絵の中に説明文もつけてもらっても構いません。

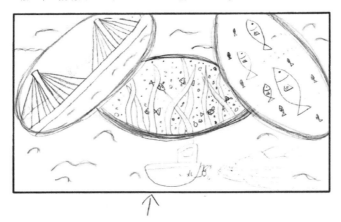

⑥以下の□の中に<u>あなたが考える豊かな海／理想的な海の絵</u>を自由に描いてみてください。絵の中に説明文もつけてもらっても構いません。

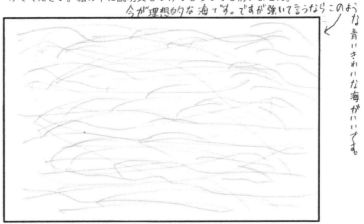

出所：桜井良・上原拓郎・近藤賢・藤田孝志. 2022. 海洋学習が行われている中学校の生徒の海に対する態度と保全意欲：自由記述や絵の描写も含めた比較調査より. 保全生態学研究 27: 181-195.

など）が生きていることを学び、これにより上の学年の生徒ほど生物が多く生息する海の絵を描写するようになるのかもしれない。

　絵の描写に関するその他の特徴として、1年生ほど「理想の海」において、レジャー施設（滑り台やプールなど）のある砂浜を描いている生徒が多かった。一方で、2、3年生になると、理想の海にそのような遊具を描く生徒はほとんどいなかった。なぜだろうか。考えられる原因として、生徒が海洋学習プログラムを通して漁師、地域住民、NPOの職員、さらには外から来た研究者と交流することで、地元の良さやあるべき姿を理解するようになり、新たに観光施設を作る必要はないと気づくのかもしれない。

　アンケート（リッカート尺度による項目や自由記述）や聞き取りでは、1年生と2、3年生との間で理想とする海において、このような（レジャー遊具の有無など）違いがあることは必ずしも明確にならなかった。それは生徒が頭の中で考えたり、イメージしたりしていたことが言語化されなかった、あるいは言葉としては話されなかったからなのかもしれない。そのような「必ずしも言葉にできないイメージ」が絵の描写を通して明らかになったのかもしれない。

10.5. 海洋学習の評価研究から感じたこと

　海洋学習の評価研究として5年以上にわたって、中学校の活動の参与観察や関係者への聞き取り調査などをさせてもらったが、その過程を通して著者自身が大切なことをたくさん学んだ。その一つが、多様な手法を用いてプログラムの現状や効果を理解することの重要

性についてだ。本章で紹介した通り、参与観察では生徒の活動中の様子や表情について、その後の聞き取りでは生徒のプログラムに対する思い思いの感情について、アンケートではリッカート尺度による数量的なデータ、自由記述、さらに絵による理想の海の描写など、様々な手法を併用したことで性質の異なる多様な情報を得ることができた。参与観察を通してプログラムの効果に関する仮説を立て、次に生徒への聞き取りを通してその仮説の一部を立証できたこともあった。また別の時には、聞き取りで得られた結果と異なる結果がアンケートによる数量的なデータから得られたこともある。これは一つの環境教育プログラムにおいても、それが及ぼす効果は多様で複雑であることを示している。プログラムの効果を多角的に重層的に知りたければ、時間やコストが許す限り、複数の手法を用いて効果を解明することが賢明だろう。そしてその際には、手法の多様性だけでなく、調査をする対象・相手にも多様性を持たせることが大切だ。

　本海洋学習プログラムの対象は生徒なので、当然生徒の意識の変化などは同プログラムの効果を考える際に欠かせないデータになるだろう。しかし、プログラムが与える効果は生徒に限定されず、周りの人や地域への波及効果も想定される。本研究においても、生徒の保護者や中学校の教員への調査から、本プログラムの効果や今後に向けた在り方を考えるうえで重要な情報が得られた。さらに、中学校と一緒に本プログラムを企画・実施してきた漁師への聞き取りも重要だろう。同様に一般の住民、つまり中学校に通う子供がいなかったり、必ずしも中学校と関係のない生活をしている市民にも調

査をすることで、地域における本海洋学習プログラムの位置づけや、関係者が予想もしなかった地域への波及効果が見えてくるかもしれない。こう考えると、いくら時間があっても足りないわけだが、環境教育プログラムの評価とはそのくらい奥の深い、終わりのない追求の旅なのだろう。

　同中学校で海洋学習の評価研究を開始してから、調査手法は参与観察、聞き取り、アンケートと変わっていき、研究の具体的なテーマや調査項目も、漠然としたもの（例：海洋学習を受けた感想）から、より詳細なもの（例：地域への愛着、将来へのビジョン）へと変わっていった。研究を進める中で把握できたことを踏まえ、新たな調査を考案し、また中学校の教員と議論を続ける中で、より教員が知りたいこと、教育現場で活用できる情報を特定するための研究へと修正を続けた。これは外部者である研究者と実務者である中学校の教員との、「プログラム評価」という共通のゴールのもとでの継続した協働であり、研究者と実務者とで信頼関係を築いていくプロセスであったとも言える。

　時間が経てば確実に現場を取り巻く環境も変化していく。例えば調査を始めた時に在籍していた中学校の教員の何名かはすでに数年後には他校に移り、一方で他の中学校から新しい教員が配属され、同海洋学習プログラムの主担当も新たな教員へとバトンタッチされた。同プログラムの中心的な役割を担っていた教員は、著者が研究をした5年の間に定年を迎えた。このように環境教育プログラムを取り巻く環境は、それが学校におけるプログラムであっても、NPOによる市民対象のプログラムであっても、日々変わっていくもので、

これらの変化に伴い、そのプログラムが生み出す効果も微妙に変わっていくのだろう。変わりゆく環境教育プログラム内容とそれに伴う効果の変化を理解するためには、調査を継続的に行う忍耐力も求められるだろう。

プログラムの全体的なそして多角的な効果を把握するためには、多様な手法を用い、多様な対象に、継続的な評価研究を行う必要がある。言葉で言うのは簡単だが、これを実践するのは難しい。環境教育プログラムの評価の限界と可能性がそこにはあるのだろう。

COLUMN **6**

地域への愛着概念から考える
海洋学習評価研究の意味

本章では海洋学習の効果について、多様な手法を用いて明らかにしようとした試みを紹介したが、本コラムでは地域への愛着に焦点を当てて考えてみる。実際に環境教育プログラムに参加することで、生徒はどのように地域への愛着を育むのか。そして地域への愛着を持っていることは、その生徒の実際の環境保全行動にどのように影響を与えるのだろうか。この中学校では生徒は入学から卒業までの3年間にわたり、総合的な学習の時間を活用して様々な海洋学習プログラムを行っている。地元の漁協と連携し、基本的に全ての海洋学習プログラムは漁師の支援のもと行われる。生徒は漁師の船に乗り、大海原に出て、流れ藻（アマモ）の回収作業やカキの種付け作業を行い、また漁師への聞き書き学習なども行われる。

ではこれらの海洋学習を三年間にわたって受けることで、生徒の

地元、地域への愛着はどのように育まれるのか。筆者はまず実際に海洋学習を受けている生徒に、聞き取りをした。質問項目はシンプルで、「あなたの住んでいるこの町について自由に語ってください」「地元の海について自由に話してください」「海洋学習を受けてどんなことを思いましたか」といったいわゆる自由回答形式の問いを用い、生徒には話したいことを話したいだけ語ってもらった。これはまさに第4章で紹介した通り、コーネル大学のStedman教授が話していた、「アンケートから始めるのではなく、まずは自由に人々の地域への思いを語ってもらう質的調査」をすること（本書71ページ）と同じだ。実際に生徒が語った言葉を読み返しながら、何が言えるのかを解釈することに努めた。いわゆるグラウンデッド・セオリーの（175ページ）手法だ。結果、生徒は多様な言葉で、中学校で受けた海洋学習がどのように彼ら彼女らの地元への愛着を深めたのか、そして地域への愛着を感じたことが地元の海を今後も守っていこうという意識に影響を与えたことを話してくれた。そして本章の最後に紹介した通り、この後の中学校の全校生徒へのアンケート調査から、地域への愛着に関する項目が生徒の地元の海を守ることへの意欲に影響を与えていることが定量的にも明らかになったのだ。

●参考文献
1) 桜井良. 2018. 里海を題材とした中学生への海洋プログラムの教育効果. 環境教育 28(1): 12-22.
2) Sakurai, R., Uehara, T., & Yoshioka, T. 2019. Students' perceptions of a marine education program at a junior high school in Japan with a specific focus on Satoumi.

Environmental Education Research 25(2): 222-237.

3) Sakurai, R., & Uehara, T. 2020. Effectiveness of a marine conservation education program in Okayama, Japan. Conservation Science and Practice. DOI: 10.1111/csp2.167

4) Volk, T. L., & Cheak, M. J. 2003. The effects of an environmental education program on students, parents, and community. The Journal of Environmental Education 34(4): 12–25.

5) Duvall, J., & Zint, M. 2007. "A review of research on the effectiveness of environmental education in promoting intergenerational learning." The Journal of Environmental Education 38(4): 14–24.

6) 桜井良・上原拓郎・近藤賢・藤田孝志. 2022. 海洋学習が行われている中学校の生徒の海に対する態度と保全意欲：自由記述や絵の描写も含めた比較調査より. 保全生態学研究 27: 181-195.

第11章

全てをまとめて
考えてみる

本書では誰でも気軽に環境教育プログラムの評価に取り組めるよう、評価に使える手法、評価する際に重要になる理論、そして実際の評価事例などを紹介した。一人でも多くの読者が本書をきっかけに、自身が携わっているプログラムの評価をしてみようと思えたなら本望だが、果たしてどうだっただろうか。

　評価する内容、さらに評価アプローチは、「どのような立場で環境教育プログラムの評価を行おうと考えているか」、さらに「評価をすることで何を達成したいのか」によって変わってくるだろう。ここでは本書で説明した内容を踏まえ、環境教育評価の流れを整理してみたい。

11.1. 誰が何のために評価をするのか?

　まず最初にどのような立場／視点で評価に携わるかを考えてみる。大まかにいえば、プログラムの内部者（つまりプログラム運営に携わっている人）か外部者（研究者など）に分けられる。プログラムの運営者、つまり内部者の場合、その評価の目的は何であろうか。その評価の結果を誰に見せることをイメージしているだろうか。例えば目的は、プログラムに必要な資金を提供している組織または個人（ドナー）への説明であるかもしれない。その場合、提供された資金に見合う効果が出ているかどうかを示す必要があるだろう。

　ドナーなど他者への説明よりも、率直にプログラム運営者として何がうまくいっていて、何を改善しなければならないかを知りたいという思いから評価をすることもあるだろう。評価をしてプログラ

ムの効果を明確にすることで自分が行っているプログラムについて、自信を持って今後も続けていけるようにしたい、という思いもあるかもしれない。それぞれの目的に応じて、評価で得るべきデータや情報が変わってくるだろう。例えば資金提供者に結果報告をする際には、一目で成果が分かるようなデータの出し方がよいかもしれない。「参加した人の90％が同プログラムの内容に満足した」という結果は、よく広告などで見かけたりするが、このように数値で示すことが一番分かりやすく、また説得力がある。一方で、参加者の率直な意見を知ることで、プログラムの改善点を把握したいということであれば、自由記述などで参加者にプログラムに参加したそれぞれの感想を書いてもらうのがよいかもしれない。参加者一人一人に対して聞き取り調査ができれば、たくさんの意見をもらうことができるが、本書第7章で示した社会的望ましさのバイアス（Social desirability bias）が発生し、回答者が運営者を喜ばせるような回答をする可能性もあるため、どのように情報を得るか、さらに結果の解釈には注意が必要だ。

　では、プログラム運営に直接携わらない外部の人間が評価をする場合はどうだろうか。その目的は、研究者であれば、学術的に意義のある評価研究をして、その結果を論文にまとめて学会誌に投稿すること、また学会の大会で研究発表をすることかもしれない。学術的に価値のある調査をするためには、先行研究を踏まえ、調査を設計し、また調査項目を作成する際には何らかの学術理論に沿って実施したほうが調査内容及び結果に説得力をもたらすことができる。外部評価においては、結果を論文にまとめることだけでなく、実務

者にとって有益な情報を獲得することも重要な目的となるだろう。そのためには、まず評価者（外部者）は実務者と密にコミュニケーションをとり、実務者が考えているプログラムの課題や評価したい側面を理解したうえで、評価の方向性を共有することが重要だろう。

11.2. プログラムは今どんな状況にあるのか?

　プログラムが現状においてどの段階にあるのかによっても、行う評価の在り方は変わってくるだろう。例えば、すでにプログラムとしての活動が終了している場合はどうだろうか。基本的には本書第5章及び第6章で紹介した事後評価やインパクト評価になるかもしれない。プログラムがもともと目指していたゴールに照らし合わせ、調査項目を作り、意図していた効果が表れているのかを検証できたらよい。一方で、現在進行形でプログラムの活動が行われている場合はどうだろうか。中間評価やプロセス評価として、活動に参加している人々に対して随時意識調査をしたり、予定通りの活動が行われているか（参加人数や活動頻度など）、予定していた成果が表れているかを調べたらよいだろう。そして、活動が始まっていない、またはそもそもプログラムの内容すら定まっていない状況であれば事前評価やニーズアセスメントが重要だろう。そもそも、そのプログラムを行うことに対するニーズが地域や社会にあるのか。参加が見込まれる人々はどのような特性を持っていて、彼ら彼女らはプログラムに対して何を求めているのか。これらの情報を得たうえで、企画している活動内容が人々のニーズに合致しているものかを検証

するセオリー評価が重要になってくる。

　プログラムの進み具合や活動状況によって、評価アプローチが限定されてしまうかと言えばそれは違うだろう。例えば、活動がすでに終了した、または近い将来に終わるプログラムだったとしても、実務者と研究者とで今一度プログラムのゴールを設定し直してもよい。本書第9章で事例紹介をした通り、長年活動が行われてきたプログラムであっても、そのプログラムの短期、中期、長期ゴールなど、詳細な目的が実務者間で共有されていなかったり、そもそも明文化されていないこともある。行っている活動内容が、地域の人々のニーズに合致しているか確証を持てなければ、ニーズアセスメントから始めてもよいだろう。

　日々、全国で行われている様々な環境教育プログラムの多くは、限られた予算の中で、また限られた人員により実践されている。実務者は日々の活動に追われ、活動の効果を評価したり、評価そのものについて考えたりすること自体、困難である。プログラムが始まった後に、また活動終了後に、やっと評価ができる態勢が整い、評価の取り組みがスタートすることも多い。どのような状況においても、またどのような立場から評価をするとしても、プログラムの改善につなげるうえで重要な情報を得るための評価方法や評価理論は多様に存在する。自分のプログラムに合った、そして自分がこの評価アプローチであれば使ってみたいと思えるようなものを、その都度取捨選択しながら試してみたらよいだろう。もっと気軽に、もっと手軽に評価が行われ、プログラムの達成度や課題などをもっと自由に共有できるような、そのような「評価の文化」が日本でも生ま

れていくことを願っている。評価の文化が根付いていけば、結果を踏まえ、全国で行われている環境教育プログラムの活動内容にも改善が加えられていくだろう。より社会や人々のニーズに合った環境教育プログラムが行われるようになり、環境教育の意義が広く浸透するとともに、最終的には持続可能な社会の構築、そして人類が直面する環境問題が解消されることを願ってやまない。

おわりに

　論文が掲載されるようないわゆる学術雑誌（または学会誌）の中には、世界的に有名なものもある。例えば論文の引用数（他の研究論文で使われた数）が世界のトップ10％に入る学術雑誌はハイ・インパクト・ジャーナルと呼ばれ、そこに掲載された論文を世界中の人が読む。研究者としてはそういった雑誌に自分の論文が掲載されたら、文字通り学術界にインパクトを与えられるかもしれない。一方で自分自身が執筆してきた環境教育プログラムの評価に関する研究論文を思い浮かべてみると、少しでもプログラムの改善に貢献できたもの、あるいは実務者の手助けができたものと、そう思えるようなものは、実は必ずしもハイ・インパクト・ジャーナルに掲載されたものではない。学術的に価値が高く世界的に認められるような研究と、多少なりとも実際に社会問題の解決に貢献した研究は必ずしも一致しないのかもしれない。いわゆる科学と社会との乖離だ。

　環境教育プログラムは、人々がより環境に配慮した行動を起こすよう変革をもたらすことを目指すものから、変革を望んでいるわけではなく、純粋に参加者が自然を楽しむことを目的としたものまで、多様に存在する。環境教育プログラムで何を参加者に伝えるかが、実務者の目的に応じて自由であっていいように、そのプログラムの評価の仕方も自由でいいはずだ。これまでの先行研究で分かってきた大まかな枠組みや、評価するために開発された理論や方法を理解したうえで、あとはどのアプローチで評価するかは（あるいはしな

いかも含め）自由であっていい。

　本書の読者が一人でも、評価の楽しさや魅力を感じ、そして実際に評価してみようと思えるようになったのなら本望である。環境教育プログラムをすでに実践している人や市民であれば是非、環境問題の解決に直接的・間接的に貢献できていることを誇りとしつつ、日々のプログラムに取り組んでもらえたらと思う。今後もますます多様な楽しい環境教育プログラムが全国で行われていくことを、そしてその中で評価活動も気軽にできる社会になっていくことを願っている。

あとがきにかえて

　環境教育プログラムや世の中で行われている普及啓発について、それらの効果を研究者として評価することの大切さを最初に教えてくださったのは私の大学院時代における指導教官であったフロリダ大学のスーザン・ジャコブソン教授でした。この場をお借りして御礼申し上げます。また評価の意義や方法をご教示いただいたフロリダ大学のマーサ・モンロー教授、グレン・イズラエル教授、さらにコーネル大学のマリアン・クラスニー教授及びリチャード・ステッドマン教授にも御礼申し上げます。

　プログラム評価の研究及び実践の場を与えていただいた元兵庫県但馬県民局の上田剛平様、元栃木県自然環境課の丸山哲也様及び松田奈帆子様、日本環境教育フォーラムの川嶋直様及び鴨川光様、そして岡山県備前市立日生中学校の小田洋子元校長先生、藤田孝志先生、近藤賢先生に御礼申し上げます。また日本環境教育学会で環境教育の評価研究会を共に立ち上げ、その前から、そしてその後も共同研究の機会をいただき、いつも温かく、新たな視点を教えてくださる東京大学の中村和彦先生に御礼申し上げます。

　本書第3、4章はマリアン・クラスニー教授の研究成果を、また第6章は龍慶昭教授及び佐々木亮先生の研究成果を参考に執筆したもので、ここに特記して感謝の意を表します。

　家族のサポートなしでは、本書の執筆はおろか、研究も仕事も進めることができませんでした。まず古くは学生時代に留学するため

の支援をしてくれた両親に感謝するとともに、研究に没頭する（この本の執筆もそうですが）時間を与えてくれ、いつも温かく見守ってくれている妻にこの場を借りてお礼を述べたいと思います。

　最後に出版の相談から本書の校正までご丁寧に対応いただきました毎日新聞出版の倉田亮仁様に御礼申し上げます。

〈著者略歴〉

桜井 良（さくらい・りょう）

立命館大学政策科学部准教授。
慶應義塾大学法学部政治学科を卒業後、ロータリー財団国際親善奨学生として、米国フロリダ大学（University of Florida）大学院に留学し、学際的生態学（Interdisciplinary Ecology）修士号と博士号を取得。日本学術振興会特別研究員PDや千葉大学非常勤講師を経て、2015年立命館大学政策科学部に着任。京都市環境審議会委員、慶應義塾大学訪問准教授、コーネル大学客員准教授。日本環境教育学会理事、同学会英文誌Environmental Education in Asia編集長。

環境教育プログラムの評価入門

印 刷	2024年3月15日
発 行	2024年3月30日
著 者	桜井良
発行人	小島明日奈
発行所	毎日新聞出版

〒102-0074
東京都千代田区九段南1-6-17 千代田会館5階
営業本部：03（6265）6941
企画編集室：03（6265）6731

印刷・製本　三松堂